基于动态牵制策略的多智能体系统协调控制若干问题研究

高晶英　著

北京邮电大学出版社
www.buptpress.com

内 容 简 介

本书主要探讨了多智能体系统协调控制的关键问题，特别是蜂拥控制和一致性控制问题，为智能交通、智能制造及群体机器人协作等领域提供了理论基础与实用策略. 书中内容涵盖多智能体系统协调控制的基本概念、研究背景、现状分析、核心算法及稳定性分析. 面对智能体系统在网络连通性、信息交流以及环境适应性等方面的挑战，本书创新性地提出了动态牵制策略. 通过引入虚拟智能体、伪领导者等概念，并在切换拓扑结构下构建蜂拥控制、一致性控制和编队控制算法，实现了智能体的速度一致、位置聚集及避障优化. 此外，本书还将简单二阶系统扩展至更一般的二阶线性系统，使算法更贴近实际应用需求. 通过大量的数值模拟，验证了本书算法的有效性.

图书在版编目（CIP）数据

基于动态牵制策略的多智能体系统协调控制若干问题研究 / 高晶英著. -- 北京 : 北京邮电大学出版社，2024. -- ISBN 978-7-5635-7358-5

Ⅰ. TP273

中国国家版本馆 CIP 数据核字第 20246LZ379 号

责任编辑：王晓丹　杨玉瑶　　**责任校对**：张会良　　**封面设计**：七星博纳

出版发行：北京邮电大学出版社
社　　址：北京市海淀区西土城路 10 号
邮政编码：100876
发 行 部：电话：010-62282185　传真：010-62283578
E-mail：publish@bupt.edu.cn
经　　销：各地新华书店
印　　刷：保定市中画美凯印刷有限公司
开　　本：720 mm×1 000 mm　1/16
印　　张：7.5
字　　数：142 千字
版　　次：2024 年 11 月第 1 版
印　　次：2024 年 11 月第 1 次印刷

ISBN 978-7-5635-7358-5　　定价：48.00 元

前言

在日常生活中，我们经常看到生物群体协调运动的现象，这些生物群体在没有全局信息和不受集中控制的情况下，仅依靠彼此之间的生物信息交流就能完成艰巨而复杂的任务. 这种现象深深吸引了专家学者，也激发了他们的研究兴趣. 他们思考能否将这种生物群体的协调运动行为模式应用到工程领域中，以解决实际问题. 随着人工智能、物联网和无人机技术的快速发展，多智能体系统协调控制在智能交通、智能制造、群体机器人协作等领域得到了广泛应用. 多智能体系统协调控制需要智能体之间的协调与合作，但它受限于信息交流和环境条件等因素，故多智能体系统协调控制面临着诸多挑战.

在多智能体系统协调控制中，设计有效的通信网络尤为重要，因为它直接影响智能体的协调效率和系统的整体性能. 例如，在无人机群组中，每个无人机都必须具备接收和发送信息的功能，以保持对群组行动的准确响应和实时调整. 此外，这种协调还必须能够适应动态变化的环境，如突发的气候变化或不可预测的物理障碍，这进一步增加了系统控制的复杂度和挑战性. 因此，在实际应用中，智能体之间可能因为距离过远、障碍物或环境复杂而无法保持网络连通，给协调控制带来了挑战. 本书提出了一种动态牵制策略，当网络不连通时，该策略的思想是将网络划分为若干个连通子网络，并在每个子网络中选择一个关键节点进行控制. 通过动态牵制策略，每个智能体都能直接或间接地接收到领导者的信息，从而实现网络的连通和多智能体系统的协调控制.

本书主要研究了多智能体系统的蜂拥控制问题和一致性控制问题，具体内容如下：

绪论和第 1 章介绍了多智能体系统协调控制的基本概念，给出了研究背景、研究意义、国内外研究现状，以及蜂拥控制和一致性控制算法的基本模型及其稳定性分析的预备知识.

第 2 章研究了具有切换拓扑结构的多智能体系统蜂拥控制问题，提出了一种动态牵制蜂拥控制算法. 在不假设多智能体网络连通或不使用无穷大的人工势函数保持网络连通的情况下，该算法可以实现多智能体系统的蜂拥控制. 基于LaSalle不变原理，动态牵制蜂拥控制算法可以保证所有智能体的速度达到一致并且与虚拟领导者的速度相同，所有牵制节点的平均位置与虚拟领导者的位置相同，智能体之间不会发生碰撞，所有智能体的局部势能都达到最小化.

第 3 章将多智能体的动力学模型扩展到更一般的二阶线性系统，构造了对应的动态牵制蜂拥控制算法，有效解决了具有一般二阶模型的多智能体系统蜂拥控制问题. 此外，本章考虑了多智能系统在运动过程中遇到圆形障碍物和穿过复杂通道的蜂拥控制问题. 在圆形或复杂障碍物边界上生成虚拟智能体，称为 β_1-智能体，该智能体与真实智能体产生相反的排斥力. 本章还引入了另外一种新的虚拟智能体，称为 β_2-智能体，该智能体提供切向作用力，使得智能体能更高效地绕过障碍物. 通过数值模拟再次验证了所提出的蜂拥控制算法的有效性.

第 4 章考虑对于没有虚拟领导者的切换拓扑结构多智能体系统，如何高效地实现蜂拥控制. 针对一般二阶线性模型多智能体系统，本章设计了具有伪领导者的多智能体系统动态牵制蜂拥控制算法. 该算法首先定义了个体评价指标，选择整个网络中指标最低的智能体作为伪领导者. 同样从每个连通子网络中选择一个评价指标最低的智能体作为牵制节点接受伪领导者的反馈信息. 基于 LaSalle 不变原理，证明了所提出的算法可以实现多智能体系统蜂拥控制. 本章还设计了具有多个圆形障碍物的伪领导者多智能体系统动态牵制蜂拥控制算法，数值模拟结果显示该算法可以很光滑地绕过障碍物.

第 5 章研究了具有切换拓扑结构的多智能体系统一致性控制问题，且每个智能体动力学方程由一般线性模型表示. 基于不同的动态牵制策略，本章提出了一种新的一致性控制算法，在无须多智能体网络时刻连通的情况下，实现多智能体系统一致性控制. 利用 Lyapunov 函数分析了一致性控制算法的稳定性. 此外，一致性控制算法被进一步扩展为解决编队控制问题的算法. 本章所构造的编队控制算法不仅可以使所有智能体保持特定队形，而且能够使多智能体系统以相同的速度到达某个目的地.

本书得到了国家自然科学基金项目(11961022 和 12161034)的支持，希望能为多智能体系统的协调控制问题提供新的研究视角和解决方案，也希望能给相关领域的研究人员和工程技术人员提供参考和启示. 由于本书涉及的知识范围广泛，且作者的能力和经验有限，故书中难免会有疏漏之处，请专家和读者批评指正.

高晶英

目 录

绪　论

本书主要研究多智能体系统的协同控制问题，首先，简要介绍与本书内容相关的基本概念、研究背景及意义；其次，阐述多智能体系统的蜂拥控制和一致性控制问题的研究现状；最后，介绍本书的主要内容安排.

0.1　多智能体系统协调控制问题简介

在生活中，我们经常能看到许多有趣的生物群体协调运动的现象，如一群鸟集体寻找食物或躲避捕食者，鱼类群集以便在大海中生存并且延续种群的发展，蚂蚁聚集在一起方便搜索食物并通过信息素寻找食物与巢穴之间的最短路径，羊群跟着它们的头羊有序移动以寻找更茂盛的绿草，萤火虫在夜间出现同步闪烁的现象，等等[1-5]。这些生物群体一般都是大规模群居，目的是最大化整个群体的生存能力，并最小化牺牲. 这些看似非常简单但具有明显特征的行为受到了生物学家的广泛关注. 生物学家通过长期观察发现，这些生物群体都有一个共同的特点，即它们中的个体在没有全局信息（如食物的位置）也没有集中控制（如地面控制机构给无人机的飞行规划）的情况下，通过个体之间的局部行为就可以产生群体的全局行为. 大规模的群体仅仅依靠个体局部行为就可以完成非常复杂的任务，这种机制激发了生物、物理、社会科学、数学、计算机和控制科学等领域的专家学者的浓厚兴趣，他们开始深入研究这些生物群体是怎样相互协作、分工、合作完成复杂任务的.

在群体行动中，个体要受到其周围多个个体行为的影响，群体中的个体通过彼此交流和相对简单的协作就可以实现非常艰巨而复杂的目标，这直接导致个体之间合作比单个个体行动更具有生存优势. 随着计算机技术的不断发展，近年来，专家学者们开始使用计算机模拟技术进一步研究这些生物群体是如何协调运动的.

Reynolds[6]基于自然界中鸟群的特点首次提出智能群体的 Reynolds 模型，这是一种用计算机模拟三维空间中鸟群飞行行为的模型，也称 Boids 模型。该模拟必须满足 3 个前提规则：①避免相邻个体之间发生碰撞；②相邻个体之间尽量保持聚集;③所有个体的速度尽量保持一致. 因为群体中的个体都有一定的智力,所以称其为智能体. 智能体在不同的学科领域中有不同的解释,从大自然的鸟、鱼、蚂蚁到工业领域的汽车、飞机、船只都可以称为智能体. 从计算机科学和控制论的角度[7],智能体是指通过自治能力和信息交流对周边复杂环境具有适应能力的个体. 首先,智能体必须具备极高的自治能力,当周围环境发生变化时,它一定要实时调整自己的行为以便应对复杂的环境变化;其次,智能体之间必须进行信息交流,这样才能有效控制自己的运动状态,协调配合其他智能体,实现整个系统的最终目标.

多智能体系统(Multi-Agent System, MAS)由大量的智能体构成,旨在将大而复杂的系统转化成多个、简单的并且彼此通信的系统. 受到人工智能理论的启发,多智能体系统的最初目标是弥补单一复杂系统在解决大型复杂实际应用中的不足之处. 随着计算机技术的突飞猛进,同时受到大自然生物群体协调运动的启发,多智能体系统协调控制问题的研究取得了非常丰硕的成果. 例如,由大量功能少、结构简单的机器人组成的机器人群体在对未知区域进行搜索时,其效率远高于一个功能非常多但是结构非常复杂的大机器人,并且如果机器人群体中有个别小机器人出现故障,只需要重新编队剩余机器人即可继续执行目标任务. 但是如果只有一个大机器人执行任务的话,万一该机器人出现严重故障,它将无法完成任务. 因此,大量简单的机器人相比一个复杂的机器人有更高的执行效率、更好的鲁棒性. 多智能体系统协调控制还可以应用在移动传感器网络的控制当中,传统传感器一般安放在被监测区域内且静止不动,所以要将其部署在特定位置,用于观察感知对象并将采集到的数据传送给观察者. 移动传感器网络一般安装在机器人群体或者其他移动平台上,具有移动性,可以依据被检测区域的具体环境和条件,实现节点的动态部署. 例如,移动传感器网络可以将节点部署在道路旁边,用于观察和跟踪目标车辆的运动状态. 多智能体系统协调控制还有很多应用意义,如水下潜航器系统[8-10]、多机器人系统[11-12]、多卫星系统的协调合作控制问题[13]、交通控制[14-15]、电子商务[16]和其他众多领域[17-19].

目前多智能体系统协调控制问题主要有以下几类.

(1) 蜂拥控制问题(Flocking Control Problem). 蜂拥控制是多智能体系统协调控制问题的一个重要方面,它产生于 Reynolds 模型的前提规则,目标是相邻智能体之间的距离达到预定的期望值,同时所有智能体的速度趋于一致. 蜂拥控制问题的主要研究对象是二阶惯性系统.

(2) 一致性控制问题(Consensus Problem). 一致性控制的主要目的是使所有

智能体的状态变量趋于一致，状态变量可以是智能体的位置、速度、温度等. 一致性控制问题主要考虑一阶惯性系统、二阶惯性系统或者高阶惯性系统和一般线性系统. 一致性控制问题是多智能体系统协调控制研究的最基本问题之一.

(3) 编队控制问题(Formation Control Problem). 编队控制的目的是使所有智能体的速度趋于一致并且所有智能体的位置保持一种特定队形. 编队控制问题主要是针对二阶惯性系统或者高阶惯性系统.

(4) 群集控制问题(Swarming Control Problem). 群集控制的目标是所有智能体能够收敛到以群体加权中心为中心的有界范围内.

这些问题之间有很多相关性，但各个问题的研究目的有所不同，其中，蜂拥控制问题是根据群体涌现的全局行为而产生的，是研究重点之一；一致性控制问题是多智能体系统协调控制的基本问题，也是研究重点之一. 因此，本书重点研究了多智能体系统蜂拥控制问题和一致性控制问题，具体研究工作也围绕这两个问题展开，下面详细介绍一下这两个问题.

Reynolds 最早提出了蜂拥模型，该模型必须满足以下 3 条基本规则.

(1) 分离规则(Separation)，即每一个智能体与其周围智能体保持一定距离，目的是避免智能体之间发生碰撞. 为了遵守分离规则，群体中每个智能体通过与周围智能体之间的交流获得其他智能体的位置信息，通过一种排斥力使得相邻两个智能体之间始终保持安全距离且排斥力大小与智能体之间的距离成反比. 每个智能体受到的排斥力是它周围所有智能体对它的排斥力的总和.

(2) 聚合规则(Cohesion)，即智能体之间一定要有凝聚力，智能体队列一定要保持紧凑，目的是避免有个别智能体分离. 为了遵守聚合规则，群体中每个智能体通过与周围智能体之间的交流获得其他智能体的位置信息，然后计算出周围所有智能体的平均位置，在平均位置的智能体和该智能体周围的智能体之间产生一种吸引力，使得智能体向平均位置方向运动.

(3) 速度匹配规则(Alignment)，即所有智能体速度趋于一致. 为了遵守速度匹配规则，群体中每个智能体通过与周围智能体交流获得其他智能体的速度信息，然后计算出周围所有智能体的平均速度，每个智能体根据平均速度调整自己的速度，使得系统中智能体的速度逐渐与平均速度保持一致，从而实现所有智能体的速度达到一致.

这些规则说明了每个智能体与群体中其他智能体之间的相互作用，一般的蜂拥控制问题考虑每个智能体的运动方程，该方程由智能体位置和速度的二阶系统表示. 控制输入可以看作是智能体的加速度，其控制目的是所有智能体之间的距离趋于预定期望值，且所有智能体的速度达到一致.

一致性控制问题的研究最早可以追溯到20世纪70年代，已经有很长的研究历史，随着分布式控制和多智能体系统的发展，一致性控制问题作为多智能体系统协调控制中最基本又最重要问题，引起了各个领域学者的研究兴趣. 一致性控制是指通过一致性控制协议使系统中所有智能体状态变量都趋于一致，状态变量可以是智能体的位置信息、速度信息，甚至可以是加速度信息，也可以是温度、高度等. 一致性控制协议是系统中所有智能体的状态变量趋于一致目的的智能体之间的信息交流原则. 通过每个智能体的一致性控制协议，所有智能体的状态才能达到一致. 采用多个简单的智能体通过彼此之间的互相协作达到预定目标，比采用单独的昂贵、复杂的智能体完成目标更具有灵活性，自适应性更强，同时其有更高的鲁棒性. 让多个智能体共同完成某个任务的首要条件是使多智能体状态达到一致，这样才能共同面对复杂多变的环境，快速地适应周围环境，从而更准确地完成目标任务.

如今，多智能体系统的研究成为了一种跨领域、多学科的综合性研究，计算机科学、网络科学、人工智能，以及现代控制学科等都从自身的角度出发研究和分析多智能体系统. 如果把每个智能体当作一个节点，智能体之间的信息交流看作连边，则所有节点和连边构成了一个网络，该网络称为多智能体网络. 实现多智能体系统协调控制的前提是必须保证系统中每个智能体之间有信息交流，因此，多智能体网络连通性在协调控制中具有决定性作用. 网络中各个节点的连接形式由网络拓扑结构刻画，反映了网络节点的结构关系. 在智能群体中，每个个体都有感应能力并且这个感应能力是有限的，感应能力称为感应半径或邻域半径，每个个体通过感应能力感知到它周围的智能体并与它们进行交流，如果每个个体其邻域范围内的智能体以及连接方式不随时间的变化而变化，则称多智能体网络具有固定拓扑结构；如果每个个体其邻域内的智能体或者连接方式随时间的变化而变化，则称多智能体网络具有切换拓扑结构，更多关于网络的基本概念将在本书的第1章中进行详细介绍.

0.2 研究背景及意义

多智能体系统协调控制研究开始于1996年Lynch[20]提出的分布式算法. 随着计算机技术的快速发展，1987年，Reynolds提出了一种分布式行为模型，也称Boids模型. 该模型用计算机演示了自然界鸟群的蜂拥行为. 1995年，Vicsek等[21]

提出了一种简单的 Vicsek 模型，用于研究具有一阶非线性模型粒子群的群体行为，每个粒子下一时刻的运动方向由它当前的位置、方向和运动速率决定. 该模型只是通过实验数据说明了群体涌现的全局行为，缺少详细的理论分析. 2003 年，Jadbabaie 等[22]从理论的角度分析了 Vicsek 模型，并根据图论和矩阵论给出了合理的数学解释，同时给出了相似的激励模型的稳定性分析，从而迎来了新一轮多智能体系统协调控制理论及应用研究的热潮. 从以上研究中我们可以看出，多智能体系统协调控制具有几个新的特点：多个控制对象，分布式控制，控制目标相同，基于网络的信息交互.

2006 年，Olfati-Saber[23]提出了三种多智能体系统蜂拥控制算法，分别是没有领导者的蜂拥控制算法、有领导者的蜂拥控制算法和避开障碍物的蜂拥控制算法. 第一种算法是在没有领导者的情况下，通过假设多智能体网络连通，实现了蜂拥控制. 但是，如果没有网络连通的假设，就无法实现蜂拥控制. 第二种算法引入了虚拟领导者，通过对每个智能体反馈虚拟领导者的信息，达到蜂拥控制，这个算法中无须假设多智能体网络是连通的，但是每个智能体都必须知道虚拟领导者的反馈信息. 综上所述，传统的蜂拥控制算法一般通过对系统中每个节点施加控制达到对整个智能群体的控制. 近年来，学者们把牵制控制(Pinning Control)思想引入蜂拥控制，即对一小部分节点进行控制就可以实现对整个群体蜂拥控制. Su 等[24-25]把牵制控制思想引入蜂拥控制算法，通过对少量智能体反馈虚拟领导者的信息，可以得到多智能体系统中大部分智能体的蜂拥控制. 由于文献[24]中的蜂拥控制算法没有保持多智能体网络连通的机制，在蜂拥控制过程中，有些节点可能与大部分节点断开了，故没有实现对整个系统的蜂拥控制.

1974 年，Degroot[26]提出的决策模型将一致概念引入管理科学与统计学的研究，使用基于一致性的方法估计一些未知变量的概率分布函数. 1982 年，Borkar 等[27]采用分布式决策方法研究了渐进一致性控制问题. 2004 年，Olfati-Saber 等[29]在文献[28]的基础上提出了研究多智能体系统一致性控制问题的理论框架和其他重要的一致性控制问题理论基础. Ren 等[30]研究了具有有向网络的一阶和二阶多智能体系统的一致性控制问题，分别给出了针对一阶和二阶多智能体系统的一致性控制算法. Tanner 等[31-32]使用一致性控制算法结合人工势函数解决了具有固定拓扑和切换拓扑结构的多智能体系统蜂拥控制问题.

多智能体系统仅仅通过个体局部协作就可以涌现全局行为的突出特点，使其协调控制研究成为热点研究之一. 发现群体协作运动的机制和规律，不仅对于人们理解自然、接触自然，以及解决实际生活中的复杂问题具有重要的意义，而且也能为新技术、新应用的发展提供有价值的理论基础.

0.3 蜂拥控制问题的研究现状

自从 Reynolds 用计算机模拟了大自然中鸟群的蜂拥现象,并经过 Vicsek 和 Jadbabaie 分别给出了一群粒子的群体行为仿真结果和理论分析以后,越来越多的专家学者对多智能体系统蜂拥控制问题产生了浓厚兴趣[33-36].

Tanner 等使用人工势函数构造了针对具有固定拓扑[31]和切换拓扑[32]结构的多智能体系统蜂拥控制算法. 对于固定拓扑结构,当两个智能体之间的距离非常近时,为防止智能体发生碰撞,采用的人工势函数非常大;当两个智能体之间的距离趋于期望距离时,采用的人工势函数为零. 人工势函数的大小与智能体之间的距离成正比,以保持智能群体的聚合,当智能体网络连通时,文献[35]所提出的算法可以实现蜂拥控制. 对于切换拓扑结构,所用人工势函数均有以上人工势函数的特点,但是当智能体之间的距离超过感应半径时,人工势函数的大小会变成常数,这更符合实际情况.

Olfati-Saber[23]重新定义了 Tanner 构造的人工势函数,当智能体之间的距离非常近的时候,人工势函数的大小是有限的,这种特点比较符合实际应用条件. 同时,Olfati-Saber 提出了 3 种蜂拥控制算法. 第一种算法是基于新构造的人工势函数结合一致性算法实现多智能体系统蜂拥控制,在假设多智能体网络连通的情况下,可以实现控制目标. 由于第一种算法可能会出现分裂现象,即这个智能体网络在蜂拥的过程中,可能被分成若干个子网络,导致不能实现整体蜂拥控制,因此,Olfati-Saber 在第二种算法中加入了虚拟领导者的概念,对每个智能体反馈虚拟领导者的位置和速度信息,以达到蜂拥控制. 在这种情况下,无须假设多智能体网络连通也能实现蜂拥控制. Shi 等[37]研究了一种具有虚拟领导者的蜂拥控制算法,结合人工势函数,成功实现了多智能体系统蜂拥控制. Yu 等[38]提出了一种领导者跟随者模型蜂拥控制算法,其中,领导者具有变化的速度,所有智能体只知道领导者的部分信息,在假设智能体网络连通的条件下,实现了蜂拥控制.

上述多智能体系统蜂拥控制算法通过施加控制器到多智能体网络中的每个节点上,从而实现对多智能体系统蜂拥控制,然而对于实际的工程应用而言,控制网络中所有节点会大大提高控制成本,不符合现代工业发展的需求. 牵制控制思想来自复杂网络同步研究,在控制器数量上有优势,目前研究主要针对牵制控制的可行性和有效性两个方面. 可行性研究主要关注:在对网络中一小部分节点施加控制的情况下，是否可以实现整个网络的同步状态. 有效性研究主要关注：选择多少节点进行控制，控制哪些节点会使得网络快速达到同步状态并且控制代价最小.

Wang 等[39]第一次把牵制控制思想用在无标度网络的同步控制中，研究发现当网络中任意两个节点之间的耦合强度满足一定条件时，网络可以达到同步. 研究还发现在无标度网络中，牵制度比较大的节点好于牵制随机选择的节点；而在随机网络中，两种选择策略没有很大的差别. Li 等[40]进一步解释了为什么在无标度网络中，选择牵制度比较大的节点好于选择随机节点，并证明了当网络中任意两个节点之间的耦合强度和反馈增益满足一定条件时，网络可以达到同步. Chen 等[41]提出了复杂动态网络的局部和全局收敛的充分条件，指出在有向图或无向图中包含生成树且耦合强度足够大时，只需要牵制一个节点就可以实现网络的完全同步. Song 等[42]发现在有向网络中可以牵制出度大于入度的节点，但同时也发现牵制随机选择的节点不能保证有向网络的完全同步；而在无向网络中可以牵制随机选择的节点. Turci 等[43]指出增加反馈增益和被牵制节点个数并不能总是加快动态网络的同步，可以选择那些与最高度节点有连接的节点作为牵制节点，以提高同步效果. Zou 等[44]发现在无权对称无标度网络中，当被牵制节点个数较少时，牵制“度”小的节点比牵制“度”大的节点好；但是在归一化的加权无标度网络中，牵制“度”大的节点总是比牵制“度”小的节点好.

Su 等[24-25]把牵制控制思想引入多智能体系统蜂拥控制，即只有一小部分智能体知道虚拟领导者的反馈信息，其中这一小部分牵制节点是随机选择的且不会随时间改变. 遗憾的是由于该算法中没有保持网络连通的功能，牵制控制蜂拥算法没有实现 Reynolds 的 3 个前提规则. 文献[24]中进一步研究了虚拟领导者具有变化速度的情况，得出当所有智能体知道虚拟领导者的加速度时，可以实现蜂拥控制.

多智能体系统在蜂拥控制过程中，网络的连通性可能会降低，甚至蜂拥控制过程可能会导致网络不连通，因此，设计蜂拥控制算法时，一定要把网络的连通性考虑进去. 目前，最普遍的做法是设计一种保持多智能体网络连通的人工势函数，使得当两个智能体之间的距离趋于感应半径时，人工势函数无限大(或非常大)，从而实现智能体在运动中整体连通的目的. 文献[45-47]对多智能体网络中的连边增加适当的权值，以保持网络连通. 文献[48-51]设计了一种新的人工势函数，以保持网络连通，当多智能体初始网络连通时，可以实现多智能体系统的蜂拥控制. 智能体的动力学是非线性的情况时，研究更具有现实意义. 文献[52-53]和文献[54]分别研究了每个节点具有相同和不同的非线性动力学的自适应蜂拥控制算法，其耦合强度和速度反馈系数都是局部自适应的. 文献中多智能体的初始网络是连通的,并且采用了一种无穷大的人工势函数,以保持网络连通.在上述研究中,当两个智能体之间的距离趋于零(或感应半径)时,人工势函数的大小趋于无穷大,这种函数在实际应用中不容易实现甚至不可能实现.故文献[55-56]设计了全新的人工势函数,当两个智能体之间的距离趋于零(或感应半径)时,人工势函数有限大,这种函数更符合实际要求.

由于多智能体网络的动态性,网络不可能每时每刻都是连通的,故专家学者考虑了比连通条件弱一点的切换拓扑结构,致力于解决具有联合连通的多智能体网络蜂拥控制问题. 联合连通是指对于一系列具有相同点集的拓扑图,如果在一段时间内它们的并图是连通的,则称这一系列拓扑图在该时间段内是联合连通的. 文献[57-61]研究了具有联合连通拓扑结构的多智能体系统蜂拥控制问题. 文献[62]提出了两种策略以保持动态网络的联合连通性,两种策略的基本思想是把多智能体系统的运动空间限制在一个矩形区域里,如果一个智能体到达矩形的某个边缘,要么返回去,要么从另一边再进来,以保持网络的联合连通.

在以上提到的文献中牵制节点都是随机选择的,而根据对复杂网络牵制控制的研究可以得到,有时随机选择牵制节点不一定是最好的,在某些情况下,选择特定的牵制节点可以更快地实现蜂拥控制. 文献[63]研究了一种具有非线性二阶模型的蜂拥控制算法,文中牵制节点被称为伪领导者,同时给出了选择多少节点和哪些节点需要牵制控制的方法. 文献[64]采用了一种拓扑优化策略,以删除多智能体网络中没有必要的连边,使网络结构得到进一步优化,再根据优化后的拓扑结构选择牵制节点. 文献[65-66]提出了一种基于社团划分的蜂拥控制算法,即将整个多智能体网络划分为若干群落,在每个群落中选出特定节点施加牵制控制,进而能够实现蜂拥控制. 文献[67]为了使多智能体网络达到连通,在每个拓扑切换时刻,整个网络被分成若干个连通子网络,然后从每个子网络中选择度最大的节点作为牵制节点.因此,每个智能体在每时每刻都能收到虚拟领导者的反馈信息,从而能实现多智能体系统的蜂拥控制. 文献[68]研究的蜂拥控制算法是每个智能体通过邻域内的智能体预测整个网络的中心位置,之后所有智能体向自己预测的中心位置移动,以保证网络连通. 文献[69-70]为了保持网络连通,采用智能算法预测领导者的速度,然后根据预测速度约束领导者的速度,使领导者与跟随者之间保持一定距离,以免跟随者发生分裂现象.

在实际应用中,为了降低成本,很多机器没有安装测量速度的仪器,此时智能体无法获取它们邻域内智能体的速度信息,以往的算法无法实现多智能体系统蜂拥控制. 为了解决这种情况,文献[71-73]提出了一种基于位置信息的蜂拥控制算法,智能体通过周围智能体的相对位置信息计算出相对速度信息,以实现多智能体系统蜂拥控制.

以上所有蜂拥控制算法研究都是基于多智能体网络是无向拓扑结构的,而在实际应用中,很多问题可能存在有向拓扑结构,比如由于智能体感应半径的不同,两个智能体中一个智能体能感应到另一个智能体,但是另一个智能体不一定能感应到它,该情况下的多智能体网络具有有向拓扑结构. 针对这种情况,文献[74-76]提出了一种有向拓扑结构的蜂拥控制算法,假设智能体能够感应到周围智能体的位置信息,但是速度信息通过某些规则相互交流,该算法定义了新的能量函数且采用该函数证明了提出的蜂拥控制算法可以实现多智能体系统蜂拥控制.

由于智能体之间信息传输速度的限制和传输通道拥堵问题,在实际应用中,时滞现象普遍存在,故在蜂拥控制问题中考虑时滞有非常重要的现实意义. 文献[77]研究了一种时滞蜂拥控制算法,分别针对有领导者和没有领导者的情况提出了两种不同的算法,同时证明了蜂拥控制算法的有效性. 文献[78]同样考虑了带有时滞的蜂拥控制问题,该文中的算法假设多智能网络中只有速度信息交流时才有时滞,位置信息交流时没有时滞,定义了新的能量函数,证明了算法的收敛性.

一般情况下,多智能体系统蜂拥控制考虑二阶线性系统,但是这种二阶线性系统不可能代表所有问题的动力学模型,所以很有必要把二阶系统推广为更一般的线性系统. 文献[79-80]提出了具有更一般二阶线性模型的多智能体系统蜂拥控制算法,得到的结论是所有智能体的速度均与虚拟领导者的速度一致,所有牵制节点的平均位置均收敛到虚拟领导者的位置.

在实际应用中,多智能体网络在蜂拥过程中难免会发生遇到障碍物的情况,如何有效地绕过障碍物,成为了多智能体系统协调控制问题的另一个热点研究方向. Olfati-Saber[23]提供了一种多智能体系统能够有效绕过障碍物的方法,具体做法是当 α-智能体走到障碍物附近时,根据自己的位置在障碍物表面映射出一种虚拟智能体,通过 α-智能体与虚拟智能体之间的排斥力使得 α-智能体能够避免与障碍物发生碰撞. 但是该方法中 α-智能体遇到障碍物时只能向反方向移动,绕过障碍物的效果不是很好. 文献[81]提出了一种更有效的绕过障碍物的方法,在 Olfati-Saber 算法的基础上增加了转向机制,当智能体遇到障碍物时,根据智能体前进方向与障碍物之间的夹角决定智能体应该从障碍物的哪一侧绕过,大大提高了避障效率. 文献[82]中给出了一种人工势函数结合流函数的方法,智能体根据流函数决定如何绕过障碍物,而人工势函数能保证智能体与障碍物之间不会发生碰撞.

目前,在所有避障研究中障碍物都是凸形的,这种形状的障碍物对于避障算法来说比较简单,但是如果遇到凹形障碍物,那么智能体有可能陷入凹形区域出不来. 针对这种情况,文献[83]提供了一种可以绕过任意形状障碍物的方法,即对于凹形障碍物,采用一种几何规则,以填充障碍物的凹形区域,避免智能体进入凹形区域,通过这种方法,智能体可以有效地绕过凹形障碍物.

虽然多智能体系统蜂拥控制的研究取得了丰硕成果,但还有不少问题需要解决. 一方面,大部分控制算法都要求网络连通,或者初始连通然后使用无穷大的人工势函数,而对于有限大的人工势函数,当两个智能体之间的距离趋于零或趋于感应半径时,人工势函数的大小也非常大. 无论是假设网络连通还是用非常大的人工势函数以保持网络连通,在实际应用当中都很难实现,因此,找到更适合实际应用情况的保持网络连通的方法是今后多智能体系统协调控制领域的重点工作.

另一方面,大部分多智能体系统蜂拥控制研究考虑双重积分系统,这样的系统过于简单,有许多复杂的情况不能进行系统建模,有必要把双重积分系统及相关理论推广到更一般的系统中来. 因为在多智能体之间进行信息传递的过程中,时滞现象是不可避免的,所以考虑有时滞的蜂拥控制具有重要意义,目前这方面的研究成果非常少. 文献[77-78]只考虑了速度信息交流有时滞、位置信息交流没有时滞的情况,这样做的原因是为了解决智能体之间的碰撞问题,因为当位置信息交流有时滞时,智能体之间难免会发生碰撞. 因此,考虑速度信息和位置信息交流都有时滞的情况也是今后的工作之一.

同时,目前大多数蜂拥控制研究中都仅考虑了无向网络,但是在实际应用中,有很多情况下的多智能体网络是有向拓扑结构的,例如,当智能体之间的感应半径不同时,智能体之间有可能不是相互感应的. 因此,有向网络多智能体系统蜂拥控制问题是今后的主要工作之一.

多智能体系统蜂拥控制研究不仅要提出算法模型还要给出算法的稳定性分析,大多数算法的稳定性分析是通过构造系统的能量函数,然后对能量函数求导使其变成负半定,以证明算法的收敛性. 但在考虑控制过程中的时滞时,控制系统变成无穷维的非自治系统,目前没有公认有效的方法对这样的系统进行理论分析,需要进一步完善.

0.4 一致性控制问题的研究现状

多智能体系统一致性控制研究的主要目的是找到合适的控制协议,使得所有智能体的状态变量能够通过它们之间的信息交互最终趋于一致，一致性控制问题是多智能体系统协调控制中最重要的基础研究课题. 控制协议或一致性控制协议(Protocol)是指在多智能体网络中每个智能体通过局部交流使得状态趋于一致的规则，是每个智能体表现出的局部行为. 在大自然中，无论是野外生物或文明人类，在以群体的形式做一件事情之前，都需要在某些方面达到一致，比如生物群体想整体到达某个目的地时，群体中所有个体的运动速度必须趋于一致，否则无法整体到达指定地点；而人们在做成一件重要事情的时候，首先所有人的意见必须统一，否则大概率不会成功. 在工程设计中，为了使群体达到某个协调目标，通过简单的控制可以使某个物理量达到一致，例如，使汽车以相同速度移动，传感器追踪相同目标，等等. Ren 等[84]研究了具有有向网络的一阶和二阶多智能体系统一致性控制问题，分别给出了针对一阶和二阶多智能体系统一致性控制算法，对于一阶模型多智能体系统，如果有向网络包含生成树，则所有智能体的状态均可以达到一致；而对于二阶模型多智能体系统，如果切换拓扑网络每个时刻都包含生成树，则所有智能体的状态均可以达到一致. 大量的多智能体系统一致性控制研究发现，多智能体系统的收敛性能与系统的拓扑结构有很大关系. Qian 等[85]分别研究了多智能体系统无时滞和有时滞的情况，得到当无向网络连通时，多智能体系统可以达到状态一致. Yu 等[86]提出了一种节点有效分布式自适应方法，使得每个节点的控制增量自适应调整，最后在假设无向网络连通的条件下，多智能体系统达到状态一致. 文献[87]研究了具有有向拓扑结构的多智能体系统，给出了多智能体系统无时滞和有时滞时达到状态一致的充分必要条件. 对于无向网络多智能体系统，系统的收敛性与多智能体网络的代数连通度密切相关，可以根据网络的代数连通度判断多智能体系统的收敛性；但是有向网络没有相应的概念. 因此，文献[88]研究了有向网络多智能体系统的收敛问题，同时引入了广义代数连通度的概念，使用此概念去衡量有向网络多智能体系统的收敛性能.

为了实现多智能体系统状态一致目的，无向网络必须是连通的，而有向网络必须强连通或者包含有向生成树，但是在实际应用中这些条件很难满足. Song 等[89]在有向网络不是强连通也不需要包含有向生成树的情况下，提出的一致性控制算法依然可以实现多智能体系统的状态一致，同时给出了判断一般有向网络中需要牵制几个节点，哪些节点需要牵制的方法.

为了尽可能地使多智能体网络连通，Cortes 等[90]提出了一种方法，目的是尽量避免多智能体网络中已经存在的连边断开. 文献[91-92]使用优化方法优化多智能体网络，使得多智能体网络的代数连通度越来越高. 文献[93-95]考虑了使用无穷大的人工势函数保持多智能体网络连通,所用人工势函数的特征是当两个智能体之间的距离超过感应半径的时候,人工势函数会变得非常大,以保证两个智能体之间的连边不会断开. 由于一致性控制算法不考虑智能体之间的碰撞问题,故当两个智能体之间的距离趋于零的时候,人工势函数也趋于零.

目前,在大部分多智能体系统研究成果中,个体的动力学方程由一阶系统和二阶系统表示,但是在很多应用工程中,如机械臂操作系统,移动机器人协调控制等,很难使用上述两个模型表示个体的运动方程. 因此,采用高阶系统描述个体的动力学方程更符合实际情况. Ren 等[96-98]给出了高阶模型多智能体系统一致性控制算法,通过分析得到了系统达到状态一致的充分必要条件,即由网络 Laplacian 矩阵构成的大矩阵恰好有 3 个零特征根,而其他所有特征根均有负的实部. 在文献[99]中,作者解决了有固定拓扑结构的一般线性模型多智能体系统一致性控制问题,并提出一种统一的方法解决多智能体系统一致性控制问题和复杂网络同步问题. 文献[100-101]研究了具有固定拓扑的一般线性模型多智能体系统一致性控制问题,针对无向网络和有向网络分别给出了完全分布式一致性控制算法. 文献[102]提出了高阶的多智能体系统一致性控制算法,同时得到了当有向多智能体网络包含有向生成树时,系统可以达到一致状态. 文献[103]研究了基于周期采样的一般线性模型多智能体系统一致性控制问题,在多智能体网络中,所有个体之间的通信不是连续的而是离散的,这样做的优势在于多智能体网络不需要时时刻刻都连通.

以上大部分一致性控制算法中的控制输入都是基于智能体之间的相对状态得到的,但是在一些特殊情况下,相对状态信息无法获取,只能得到相对输出信息. 针对这种情况,文献[104-105]研究了基于输出反馈的一般线性模型多智能体系统一致性控制问题,分别对无向网络和有向网络的多智能体系统提出了自适应一致性控制算法.

近年来,多智能体系统一致性控制算法主要应用于多智能体系统的编队控制中. 多智能体系统编队控制是指大量简单的个体组成的编队,在向预定目标移动的同时彼此之间保持特定的几何形状(即队形). 一般情况下,一致性控制问题和蜂拥控制问题可以看作编队控制问题的特例,也就是说,如果个体之间的相对距离等于零,则编队控制问题转化为一致性控制问题;如果不要求智能体保持特定队形,则编队控制问题转化为蜂拥控制问题.

编队控制在很多领域都有实用价值,比如军用无人机通过合理编队可以协助战斗机实施目标打击;多机器人系统在一些危险恶劣的地区可以代替人类执行任务，如搜寻地雷、边境巡逻、侦察敌人等；如果把卫星、航天飞机等看作是智能体，卫星编队也可以实现协调控制，使得卫星网络能够更全方位地服务于人类.

多智能体系统编队控制算法分为3种类型，基于位置、基于位移和基于距离的编队控制算法[106]. 文献[107-109]使用扩展一致性控制算法解决多智能体系统编队控制问题，多智能体系统只要满足一致性控制算法的收敛条件就可以实现编队控制. 文献[110-114]研究了具有一般线性模型的多智能体系统编队控制问题，其中，文献[110]给出了具有不变队形的多智能体系统编队控制算法，而文献[111-114]提出了一种可以解决具有时变队形的多智能体系统编队控制算法，文中多智能体系统的最终队形是随时间变化的. 文献[111]解决了带有时滞的多智能体系统编队控制问题，文献[112]提出了基于自适应方法的编队控制算法，以解决多智能体系统编队控制问题，文献[113]解决了有向网络多智能体系统编队控制问题，文献[114]研究了基于输出反馈的多智能体系统编队控制算法.

迄今为止，对于多智能体系统一致性控制的研究，无论是在一阶系统、二阶系统、高阶系统、无向网络、有向网络，还是在有时滞系统，都有非常多的研究成果. 这些研究不仅给出了一致性控制协议，还分析了算法的稳定性，因此，基础理论非常丰富，其中有很多理论知识也可以应用于蜂拥控制算法的研究中. 但是目前把一致性控制算法及其理论知识应用到实际工程的例子比较少，比较常见的应用是把一致性控制算法推广到多智能体系统蜂拥控制和编队控制问题研究中，使得所有智能体的速度达到一致. 因此，把一致性控制算法和理论研究与实际结合应用，便是今后工作的主要方向，通过理论和实际相结合，我们才能更好地理解算法的实际意义，同时发现算法的不足之处，从而进一步完善一致性控制算法及其理论基础.

0.5 本书的主要内容安排

本书主要研究了多智能体系统蜂拥控制和一致性控制问题，提出了一种动态牵制策略：在每个多智能体网络拓扑切换时刻，把整个网络分成若干个连通子网络，然后从每个连通子网络中选择一个节点进行牵制控制. 因此，在每个时刻，每个智能体都能直接或间接地收到领导者的反馈信息，最终实现多智能体系统协调控制. 本书的主要内容安排如下：

绪论介绍了多智能体系统协调控制问题的背景知识、研究意义，同时给出了多智能体网络以及拓扑结构的概念，回顾并总结了多智能体系统蜂拥控制算法和一致性控制算法的国内外研究现状.

第 1 章列出了几个常见的多智能体系统数学模型,并介绍了一些关于蜂拥控制算法和一致性控制算法稳定性分析的基础理论知识.

第 2 章主要研究了具有切换拓扑结构的多智能体系统蜂拥控制问题,每个智能体的动力学方程由二阶系统表示,提出了一种新的动态牵制蜂拥控制算法,在不假设多智能体网络连通或不使用无穷大的人工势函数保持网络连通的情况下,多智能体系统可以达到蜂拥控制.

第 3 章考虑了更一般的二阶线性模型的多智能体系统蜂拥控制问题. 基于动态牵制策略,本章有效解决了在多智能体网络演化过程中不连通的情况下的一般二阶多智能体系统蜂拥控制问题. 此外,本章还考虑了在蜂拥过程中遇到障碍物的情况,引入了一种新的虚拟智能体,保证了多智能体系统能更高效地绕过复杂障碍物.

第 4 章主要考虑了没有领导者和预先给定的运动信息时的多智能体系统蜂拥控制问题,引入了伪领导者的概念,实现了多智能体网络蜂拥控制.

第 5 章主要研究了具有切换拓扑结构的多智能体系统一致性控制问题,且每个智能体的动力学由一般线性系统表示. 此外,一致性算法被扩展到解决多智能体系统编队控制问题的研究中. 扩展以后的算法在网络不连通的情况下,依然能有效解决编队控制问题. 最后,给出了一些数值模拟实验结果,验证了所提出算法的有效性.

第1章 预备知识

为方便讨论和理解本书的研究内容，本章简单介绍与多智能体系统协调控制相关的基本知识，包括代数图论、矩阵论、稳定性分析理论等. 本章使用的符号以及相应的描述见表1.1.

表1.1 符号说明

符号	意义
$\mathbf{R}$	全体实数集
$\mathbf{R}^m$	m维实列向量空间
$\mathbf{R}^{m\times m}$	m阶实矩阵空间
$\mathbf{1}_m$	m维元素为1的向量
$\mathbf{0}_m$	m维元素为0的向量
$\boldsymbol{I}_m$	m阶单位矩阵
$\boldsymbol{A}\in\mathbf{R}^{m\times m}$	m阶矩阵
$\boldsymbol{A}^{\mathrm{T}}$	A的转置
$\boldsymbol{P}>0(\boldsymbol{P}<0)$	正定(负定)矩阵
$\mathrm{diag}\{\cdots\}$	对角矩阵
$\otimes$	Kronecker积

1.1 代数图论介绍

在多智能体系统协调控制研究中，无论是控制算法的描述还是算法的稳定性分析都需要用到代数图论的基本知识. 本节介绍与本书研究内容密切相关的图论知识以及几个重要引理.

如果不考虑智能体大小，可以把智能体看作一个节点，把它们之间的信息交流看作连边，则用网络$G(t)=\{V,E(t)\}$代表智能体之间的连接情况，也称为拓扑结构，其中$V=\{1,2,\cdots,n\}$是节点集合，$E(t)=\{(i,j)\in V\times V\}$是边的集合，如果

$(i,j)\in E(t)$，则称节点 i 和节点 j 之间有连接. 在网络 $G(t)$ 中，由不同的节点和边交替组成的序列称为路径. 如果在网络 $G(t)$ 中的任意两个不同的节点之间存在一条路径，那么称该网络 $G(t)$ 是连通的.

矩阵 $\boldsymbol{A}(G)=(a_{ij})_{n\times n}$ 称为网络 $G(t)$ 的加权邻接矩阵，其中如果 $(i,j)\in E(t)$，则 $a_{ij}(t)>0$，否则 $a_{ij}(t)=0$. 如果 $a_{ij}(t)=a_{ji}(t)$，则称 $G(t)$ 为无向网络，如图 1.1 所示；如果 $a_{ij}(t)\neq a_{ji}(t)$，则称 $G(t)$ 为有向网络，如图 1.2 所示. 网络 $G(t)$ 对应的 Laplacian 矩阵定义为 $\boldsymbol{L}(G)=\boldsymbol{\Delta}(G)-\boldsymbol{A}(G)$，其中

$$\boldsymbol{\Delta}(G)=\operatorname{diag}\Big(\sum_{j=1}^{n}a_{ij}(t)\Big).$$

因此，矩阵 $\boldsymbol{L}(t)$ 的元素为

$$l_{ij}(t)=\begin{cases}\sum_{i=1}^{n}a_{ij}(t), & i=j,\\ -a_{ij}(t), & i\neq j.\end{cases}$$

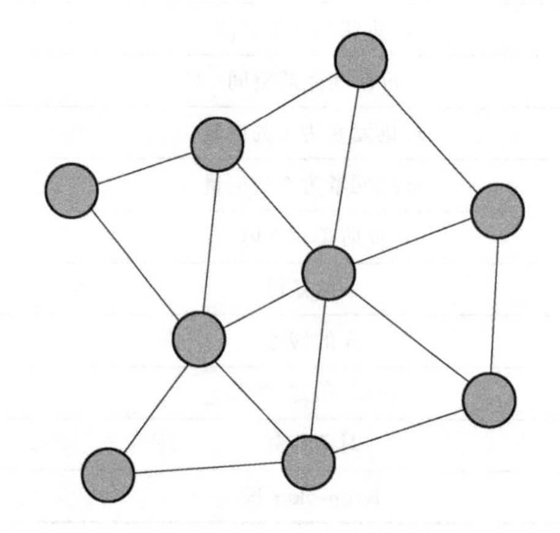

图 1.1　无向网络

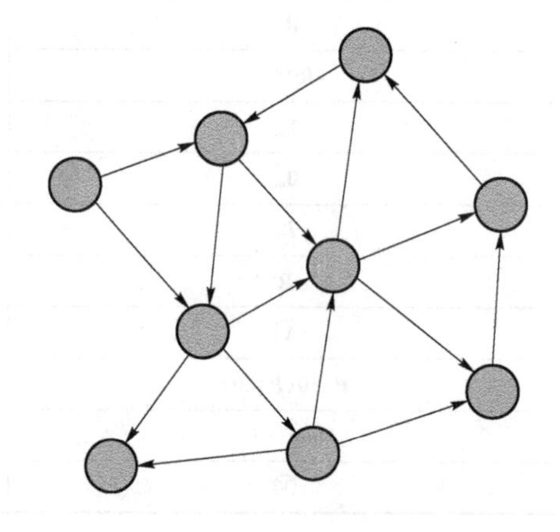

图 1.2　有向网络

Laplacian 矩阵有以下几个重要性质[115-116]：

(1) 若 $G(t)$ 为无向网络，则其对应的 Laplacian 矩阵 $\boldsymbol{L}(t)$ 为对称矩阵，且满足 $\boldsymbol{1}^{\mathrm{T}}\boldsymbol{L}=\boldsymbol{0}$.

(2) $\boldsymbol{L}(t)$ 有 n 个实特征值 $\lambda_1(\boldsymbol{L}),\lambda_2(\boldsymbol{L}),\cdots,\lambda_n(\boldsymbol{L})$，且 $0=\lambda_1(\boldsymbol{L})\leqslant\lambda_2(\boldsymbol{L})\leqslant\cdots\leqslant\lambda_n(\boldsymbol{L})$.

(3) 定义

$$\min_{x\neq 0,\boldsymbol{1}^{\mathrm{T}}x=0}\frac{x^{\mathrm{T}}\boldsymbol{L}x}{x^{\mathrm{T}}x}=\lambda_2(\boldsymbol{L}),$$

其中，$\lambda_2(\boldsymbol{L})$ 为网络 $G(t)$ 的代数连通度. 如果 $G(t)$ 是连通的，则 $\lambda_2(\boldsymbol{L})>0$，同时还

可以知道 $\boldsymbol{L}(t)$ 是正半定的.

(4) 当且仅当 $\mathrm{Rank}(\boldsymbol{L})=n-1$ 时,无向网络 $G(t)$ 连通.

引理 1.1[117-118] 如果 G 是无向连通网络,$\boldsymbol{L}$ 是 G 对应的 Laplacian 矩阵,$\boldsymbol{E}=\mathrm{diag}(e_1,e_2,\cdots,e_n)$ 是对角矩阵,其中 $e_i\geqslant 0,i=1,2,\cdots,n$,并且矩阵 $\boldsymbol{E}$ 的元素中至少有一个是正的,则矩阵 $\boldsymbol{L}+\boldsymbol{E}$ 的所有特征值都是正的.

定义 1.1[117-118] 如果 $\boldsymbol{A}=(a_{ij})_{m\times n}$ 是 $m\times n$ 矩阵,$\boldsymbol{B}=(b_{ij})_{p\times q}$ 是 $p\times q$ 矩阵,则它们的 Kronecker 积 $\boldsymbol{A}\otimes\boldsymbol{B}$ 是一个 $mp\times nq$ 矩阵

$$\boldsymbol{A}\otimes\boldsymbol{B}=\begin{bmatrix} a_{11}\boldsymbol{B} & \cdots & a_{1n}\boldsymbol{B} \\ \vdots & \ddots & \vdots \\ a_{m1}\boldsymbol{B} & \cdots & a_{mn}\boldsymbol{B} \end{bmatrix}_{mp\times nq}.$$

引理 1.2[117-118] 如果矩阵 $\boldsymbol{A},\boldsymbol{B},\boldsymbol{C},\boldsymbol{D}$ 有合适的维数,则它们之间的 Kronecker 积满足以下式子:

(1) $(\boldsymbol{A}\otimes\boldsymbol{B})^{\mathrm{T}}=\boldsymbol{A}^{\mathrm{T}}\otimes\boldsymbol{B}^{\mathrm{T}}$;

(2) $(\boldsymbol{A}+\boldsymbol{B})\otimes\boldsymbol{C}=\boldsymbol{A}\otimes\boldsymbol{C}+\boldsymbol{B}\otimes\boldsymbol{C}$;

(3) $(\boldsymbol{A}\otimes\boldsymbol{B})\otimes\boldsymbol{C}=\boldsymbol{A}\otimes(\boldsymbol{B}\otimes\boldsymbol{C})$;

(4) $(\boldsymbol{A}\otimes\boldsymbol{B})(\boldsymbol{C}\otimes\boldsymbol{D})=(\boldsymbol{AC})\otimes(\boldsymbol{BD})$.

由于动态牵制策略在每个拓扑切换时刻都把多智能体网络分为若干个连通子网络,再从每个子网络中选择一个关键节点进行牵制,故该牵制方法属于特定牵制策略.下面简单介绍一下从网络中选取关键节点的几个常见指标.

(1) 度中心性

节点的中心性是指节点的位置距离网络中心位置的远近程度,节点距离网络中心位置越近,则节点越关键. 一般根据节点的度中心性判断一个节点的关键性,即一个节点的度越大,说明该节点越关键. 节点的度是网络中与该节点有直接联系的节点个数.

(2) 介数中心性

节点的介数是指经过该节点的最短路径个数,经过一个节点的最短路径越多,说明这个节点在该网络中越关键.

(3) 接近中心性

接近中心性指标是从一个节点到网络中其他节点的距离平均值的倒数,一个节点到其他所有节点的距离越短,说明该节点处于网络的中心位置,该节点越关键.

1.2 蜂拥控制和一致性控制问题模型

多智能体系统蜂拥控制算法的研究都基于每个智能体的动力学由双重积分系统表示，即每个智能体 i 的运动方程描述为

$$\begin{cases}\dot{q}_i(t)=p_i(t),\\ \dot{p}_i(t)=u_i(t), \quad i=1,2,\cdots,n,\end{cases} \tag{1.1}$$

其中，$q_i(t)\in \mathbf{R}^m$ 是智能体 i 的位置向量，$p_i(t)\in \mathbf{R}^m$ 是智能体 i 的速度向量，$u_i(t)\in \mathbf{R}^m$ 是智能体 i 的控制输入向量(加速度).

由于双重积分系统的简单性，二阶模型多智能体系统蜂拥控制算法的研究得到了很多优秀的成果，但是在实际工程中有很多应用系统不能用二阶模型表示，所以必须把二阶模型推广为更一般的二阶模型，即每个智能体 i 的运动方程描述为

$$\begin{bmatrix}\dot{q}_i(t)\\ \dot{p}_i(t)\end{bmatrix}=(\boldsymbol{X}\otimes\boldsymbol{I}_m)\begin{bmatrix}q_i(t)\\ p_i(t)\end{bmatrix}+(\boldsymbol{Y}\otimes\boldsymbol{I}_m)u_i(t), \quad i=1,2,\cdots,n, \tag{1.2}$$

$$\boldsymbol{X}=\begin{bmatrix}\xi_{11} & \xi_{12}\\ \xi_{21} & \xi_{22}\end{bmatrix}, \quad \boldsymbol{Y}=\begin{bmatrix}\zeta_1\\ \zeta_2\end{bmatrix}.$$

$\boldsymbol{X}$ 和 $\boldsymbol{Y}$ 是二阶常量矩阵，$\boldsymbol{I}_m$ 是 m 阶单位矩阵，$\otimes$表示 Kronecker 积. 此时，多智能体系统蜂拥控制问题可以转化为当 $u_i(t)$ 满足什么条件的时候，n 个智能体的群体行为满足 Reynolds 提出的 3 个前提规则. 式(1.2)更符合实际的应用情况，而且式(1.1)是式(1.2)的特殊形式，即当取

$$\boldsymbol{X}=\begin{bmatrix}0 & 1\\ 0 & 0\end{bmatrix}, \quad \boldsymbol{Y}=\begin{bmatrix}0\\ 1\end{bmatrix} \tag{1.3}$$

时，式(1.2)转化为式(1.1).

本书中所有多智能体网络均考虑了切换拓扑结构. 根据实际情况，每个智能体的感知范围是有限的，所以每个智能体在 t 时刻的邻域表示为

$$N_i(t)=\{j\in V \mid \|q_i(t)-q_j(t)\|<r, j\neq i\}, \tag{1.4}$$

其中，$\|\cdot\|$表示欧几里得范数，r 表示感应半径. 第 i 个智能体的邻域 $N_i(t)$可以看作关于时间的函数，并且该函数根据以下规则变化：

(1) 初始网络由以下规则产生 $E(0)=\{(i,j)\mid 0<\|q_i(0)-q_j(0)\|, i,j\in V\}$；

(2) 如果$(i,j)\notin E(t_-)$且$\|q_i(t)-q_j(t)\|<r$，则在 $E(t)$中加入新边(i,j)；

(3) 如果$(i,j)\in E(t_-)$且$\|q_i(t)-q_j(t)\|\geq r$，则从 $E(t)$中删除边(i,j)，

其中，$V=\{1,2,\cdots,n\}$是节点集合，$E(t)=\{(i,j)\in V\times V\}$是边的集合，$t_-$表示 t 时

刻的前一时刻.

多智能体系统一致性控制问题一般考虑一阶模型、二阶模型、高阶模型或一般线性模型. 一阶模型多智能体系统为

$$\dot{x}_i(t)=u_i(t),\quad i=1,2,\cdots,n, \tag{1.5}$$

其中,$x_i(t)\in\mathbf{R}^m$ 是智能体 i 的状态向量,$u_i(t)\in\mathbf{R}^m$ 是智能体 i 的控制输入向量. 一阶模型多智能体系统一致性控制问题是设计合适的 $u_i(t)$,使得所有智能体的状态向量趋于一致,即当 $t\to\infty$ 时,$\|x_i(t)-x_j(t)\|\to 0$.

二阶模型的多智能体系统为

$$\begin{cases}\dot{q}_i(t)=p_i(t),\\ \dot{p}_i(t)=u_i(t),\quad i=1,2,\cdots,n,\end{cases} \tag{1.6}$$

其中,$q_i(t)\in\mathbf{R}^m$ 是智能体 i 的位置向量,$p_i(t)\in\mathbf{R}^m$ 是智能体 i 的速度向量,$u_i(t)\in\mathbf{R}^m$ 是智能体 i 的控制输入向量(加速度). 二阶模型多智能体系统一致性控制问题是设计合适的 $u_i(t)$,使得所有智能体的位置向量 $q_i(t)$ 和速度向量 $p_i(t)$ 趋于一致,即当 $t\to\infty$ 时,$\|q_i(t)-q_j(t)\|\to 0$,$\|p_i(t)-p_j(t)\|\to 0$.

高阶模型的多智能体系统为

$$\begin{cases}\dot{x}_{i1}(t)=x_{i2}(t),\\ \dot{x}_{i2}(t)=x_{i3}(t),\\ \quad\vdots\\ \dot{x}_{il}(t)=u_i(t),\quad i=1,2,\cdots,n,\end{cases} \tag{1.7}$$

其中,$x_i(t)=(x_{i1}(t),x_{i2}(t),\cdots,x_{il}(t))$ 是智能体 i 的各阶状态,$u_i(t)\in\mathbf{R}^m$ 是智能体 i 的控制输入. 高阶模型多智能体系统一致性控制问题是设计合适的 $u_i(t)$,使得所有智能体的状态向量趋于一致,即当 $t\to\infty$ 时,$\|x_i(t)-x_j(t)\|\to 0$.

一般线性模型多智能体系统的运动方程为

$$\dot{x}_i(t)=\boldsymbol{X}x_i(t)+\boldsymbol{Y}u_i(t),\quad i=1,2,\cdots,n, \tag{1.8}$$

其中,$x_i(t)=[x_{i1}(t),x_{i2}(t),\cdots,x_{ip}(t)]^{\mathrm{T}}\in\mathbf{R}^p$ 是智能体 i 的状态向量,$u_i(t)\in\mathbf{R}^m$ 是智能体 i 的控制输入,$\boldsymbol{X},\boldsymbol{Y}$ 是常量矩阵. 此时,一般线性模型多智能体系统一致性控制问题是设计合适的 $u_i(t)$,使得所有智能体的状态向量趋于一致,即当 $t\to\infty$ 时,$\|x_i(t)-x_j(t)\|\to 0$.

1.3 Olfati-Saber 算法介绍

Olfati-Saber 算法[23]是蜂拥控制研究中比较经典的算法,本书的研究内容是基于该算法得到的. 本节重点介绍 Olfati-Saber 算法中的第二个和第三个算法,即

有虚拟领导者的蜂拥控制算法与可以绕过障碍物的蜂拥控制算法.

有虚拟领导者的蜂拥控制算法的控制输入由 3 个部分组成,它们是

$$u_i = f_i^g + f_i^d + f_i^\gamma, \tag{1.9}$$

其中,第一项 f_i^g 是第 i 个智能体的人工势函数梯度项,用于实现聚合和分离目的;第二项 f_i^d 是第 i 个智能体的速度一致项,用于实现智能体之间速度匹配目的;第三项 f_i^γ 是第 i 个智能体的领导者反馈项,用于跟踪虚拟领导者. 控制输入的具体形式为

$$\begin{aligned} u_i(t) = &-\sum_{j\in N_i(t)} \nabla_{q_i}\psi_\alpha(\|q_i - q_j\|_\sigma) - \sum_{j\in N_i(t)} a_{ij}(t)(p_i - p_j) + \\ &c_1(q_\gamma - q_i) + c_2(p_\gamma - p_i), \end{aligned} \tag{1.10}$$

其中,$c_1, c_2 > 0$,q_i 和 p_i 分别是智能体 i 的位置向量和速度向量,q_γ 和 p_γ 分别是虚拟领导者的位置向量和速度向量,$N_i(t)$是智能体 i 的邻域,$\psi_\alpha(\cdot)$是人工势函数. 如图 1.3 所示,当$\|q_{ij}\|_\sigma \to 0$ 时,ψ_α 达到最大值(有限值);当$\|q_{ij}\|_\sigma$ 达到期望距离时,ψ_α 达到最小值;当$\|q_{ij}\|_\sigma$ 超过$\|r\|_\sigma$ 时,ψ_α 恒为某个正常数. 它的表达式为

$$\psi_\alpha(z) = \int_{d_\alpha}^{z} \phi_\alpha(s)\mathrm{d}s, \tag{1.11}$$

其中,$\phi_\alpha(z)$是智能体之间的作用力函数,如图 1.4 所示,其具体表达式为

$$\phi_\alpha(z) = \rho_\mu\left(\frac{z}{\|r\|_\sigma}\right)\phi(z - d_\alpha), \tag{1.12}$$

$$\phi(z) = \frac{a+b}{2}\left(\frac{z+c}{\sqrt{1+(z+c)^2}}\right) + \frac{a-b}{2}, \tag{1.13}$$

其中,$0 < a \leqslant b$,$c = \frac{a-b}{\sqrt{4ab}}$,$\|z\|_\sigma = \frac{1}{\varepsilon}(\sqrt{1+\varepsilon\|z\|^2} - 1)$,$\|\cdot\|_\sigma$ 表示 σ 范数,$\|\cdot\|$表示欧几里得范数.

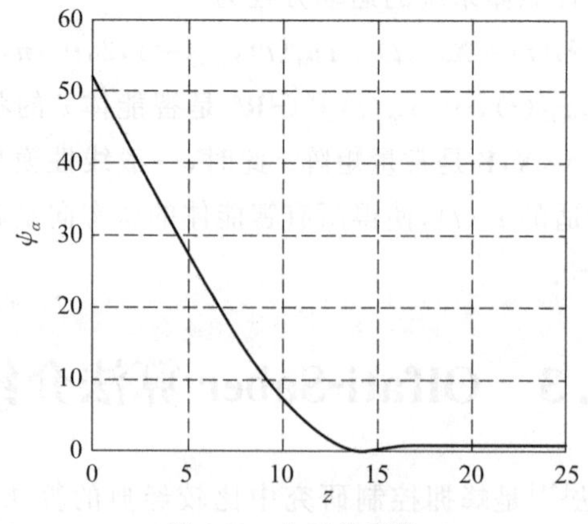

图 1.3　人工势函数

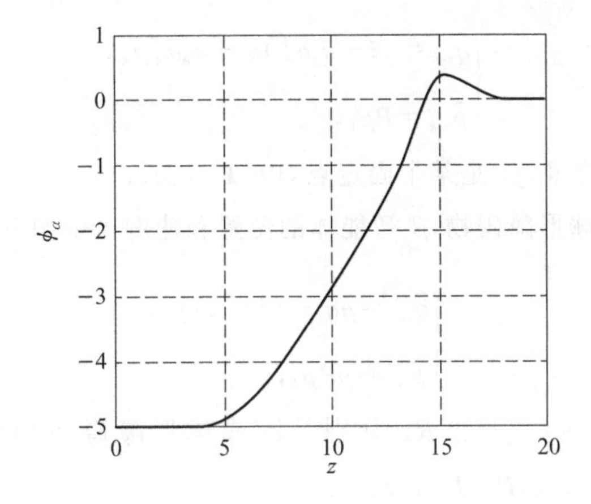

图 1.4 作用力函数

邻域矩阵满足

$$a_{ij}(t)=\begin{cases}\rho_\mu\left(\dfrac{\|q_i-q_j\|_\sigma}{\|r\|_\sigma}\right), & i\neq j,\\ 0, & i=j,\end{cases} \tag{1.14}$$

其中，

$$\rho_\mu(z)=\begin{cases}1, & z\in[0,\mu),\\ 0.5\left[1+\cos\dfrac{\pi(z-\mu)}{1-\mu}\right], & z\in[\mu,1],\\ 0, & \text{其他}\end{cases} \tag{1.15}$$

和 $\mu\in(0,1)$.

由于现实环境中存在障碍物，且多智能体系统蜂拥过程中不能与障碍物发生碰撞，因此，Olfati-Saber 的第三个蜂拥控制算法增加了避障规则. 当智能体与障碍物的距离小于某个危险距离时，通过智能体的位置映射，在障碍物边缘产生一个虚拟智能体，真实智能体与虚拟智能体之间建立一种排斥力，使得真实智能体远离障碍物，以避免碰撞. 为了避免混淆，本书称真实智能体为 α-智能体，障碍物边缘的虚拟智能体为 β-智能体，虚拟领导者为 γ-智能体. 因此，α-智能体除了与其他智能体之间存在领域关系，还与 β-智能体之间存在邻域关系，记为

$$N_i^\beta(t)=\{k\in V_\beta \mid \|\hat{q}_{i,k}-q_i\|<r'\}, \tag{1.16}$$

其中，r' 是 β-智能体的感应半径. Olfati-Saber 算法同时给出了在凸形障碍物表面产生 β-智能体的方法，具体步骤如下.

(1) 对于墙形障碍物，β-智能体的位置和速度可由如下公式得到：

$$\begin{cases}\hat{q}_{i,k}=(\boldsymbol{I}-a_k a_k^{\mathrm{T}})q_i+a_k a_k^{\mathrm{T}} y_k,\\ \hat{p}_{i,k}=\boldsymbol{P}p_i,\end{cases}\tag{1.17}$$

其中，a_k 是一个单位量，y_k 是某个固定点，$\boldsymbol{P}=\boldsymbol{I}-a_k a_k^{\mathrm{T}}$.

(2) 对于圆或球形障碍物，β-智能体的位置和速度可由如下公式得到：

$$\begin{cases}\hat{q}_{i,k}=\mu q_i+(1-\mu)y_k,\\ \hat{p}_{i,k}=\mu\boldsymbol{P}p_i,\end{cases}\tag{1.18}$$

其中，$\mu=R_k/\|q_i-y_k\|$，y_k 和 R_k 分别是圆或球形障碍物的中心位置和半径，$a_k=(q_i-y_k)/\|q_i-y_k\|$，$\boldsymbol{P}=\boldsymbol{I}-a_k a_k^{\mathrm{T}}$.

为了在 α-智能体和 β-智能体之间产生排斥力，Olfati-Saber 算法重新定义了一个新的人工势函数，它的表达式为

$$\psi_\beta(z)=\int_{d_\beta}^{z}\phi_\beta(s)\mathrm{d}s,\tag{1.19}$$

其中，$\phi_\beta(z)$是 α-智能体和 β-智能体之间的作用力函数，它的表达式为

$$\phi_\beta(z)=\rho_\mu(z/d_\beta)(\sigma_1(z-d_\beta)-1),\tag{1.20}$$

$$\sigma_1(z)=z/\sqrt{1+z^2},\tag{1.21}$$

其中，$d_\beta=\|d'\|_\sigma$，d' 是 α-智能体和 β-智能体之间的期望距离，$d_\beta<r_\beta=\|r'\|_\sigma$. Olfati-Saber算法给出了障碍物环境下多智能体系统蜂拥控制算法，算法的控制协议为

$$u_i=f_i^\alpha+f_i^\beta+f_i^\gamma,\tag{1.22}$$

其中，第一项 f_i^α 是 α-智能体之间的作用力及速度一致项，第二项 f_i^β 是 α-智能体与 β-智能体之间的作用力及速度一致项，第三项 f_i^γ 是虚拟领导者反馈项. 它们的具体表达式分别如下：

$$f_i^\alpha=c_1^\alpha\sum_{j\in N_i^\alpha(t)}\nabla_{q_i}\psi_\alpha(\|q_i-q_j\|_\sigma)-c_2^\alpha a_{ij}(t)(p_i-p_j),$$

$$f_i^\beta=c_1^\beta\sum_{k\in N_i^\beta(t)}\nabla_{q_i}\psi_\beta(\|q_i-\hat{q}_{i,k}\|_\sigma)-c_2^\beta b_{ik}(t)(p_i-\hat{p}_{i,k}),$$

$$f_i^\gamma=-c_1^\gamma\sigma_1(q_i-q_\gamma)-c_2^\gamma(p_i-p_\gamma),$$

其中，系数 $c_1^\alpha,c_2^\alpha,c_1^\beta,c_2^\beta,c_1^\gamma,c_2^\gamma>0$，$\sigma_1(z)$函数由式(1.21)给出，$\hat{q}_{i,k}$和 $\hat{p}_{i,k}$分别是 β-智能体的位置和速度. 在有障碍物的蜂拥控制算法中，当 α-智能体感应到障碍物时，不是立刻产生排斥力，而是当 α-智能体和 β-智能体之间的距离小于期望距离时才

开始产生排斥力.

1.4 Lyapunov稳定性理论知识

为了给出多智能体系统蜂拥控制和一致性控制算法的稳定性分析,本节将介绍一些关于Lyapunov稳定性理论的基本知识,这些稳定性理论知识在分析算法收敛性时起到了关键作用.

考虑自治系统

$$\dot{x}=f(x,t), \tag{1.23}$$

对于任意的初始条件,有$x(t_0)=x_0$,$f(0)=0$成立. 平衡状态$x_e=0$,满足$f(x_e)=0$.

由于Lyapunov第二方法(直接法)无须求解系统方程,通过构造一种标量函数即可直接判定系统的稳定性,因此,在多智能体系统蜂拥控制算法和一致性控制算法的稳定性分析中得到广泛应用. 无论是线性系统、非线性系统还是时变系统或时不变系统,都能利用Lyapunov稳定性定理解决. 该方法中定义的正定标量函数$V(x)$可以看作是虚拟的广义能量函数,叫作Lyapunov函数.

定义1.2[119-120] 设标量函数$V(x)$在$x=0$处满足$V(0)=0$,对于所有在定义域内的非零向量x,如果$V(x)>0$,则称$V(x)$是正定的;如果$V(x)\geqslant 0$,则称$V(x)$是半正定的;如果$V(x)<0$,则称$V(x)$是负定的;如果$V(x)\leqslant 0$,则称$V(x)$是负半定的.

定理1.1[119-120](在Lyapunov意义下稳定) 设系统的状态方程为式(1.23),如果存在标量函数$V(x)$满足3个条件:$V(x)$对所有x具有一阶连续偏导数,$V(x)$正定,$\dot{V}(x)$负半定,则称平衡状态x_e在Lyapunov意义下稳定.

定理1.2[119-120](渐进稳定) 设系统的状态方程为式(1.23),如果存在标量函数$V(x)$满足3个条件:$V(x)$对所有x具有一阶连续偏导数,$V(x)$正定,$\dot{V}(x)$负定或者$\dot{V}(x)$负半定,那么对于任意初始状态$x(t_0)\neq 0$,除去$x=0$外,$\dot{V}(x)$不恒为0,则称平衡状态x_e是渐进稳定的. 进一步,当$\|x\|\to\infty$时,有$V(x)\to\infty$,则称在原点处的平衡状态是大范围渐进稳定的.

定理1.3[119-120](不稳定) 设系统的状态方程为式(1.23),如果存在标量函数$V(x)$满足3个条件:$V(x)$对所有x具有一阶连续偏导数,$V(x)$正定,$\dot{V}(x)$正定,则称平衡状态x_e是不稳定的.

定义1.3 设$x(t)$是式(1.23)的解,若有$x(0)\in M\Rightarrow x(t)\in M, t\in\mathbf{R}$,即如果一个解在某个时刻属于集合$M$,则它的所有过去和未来时刻都属于集合$M$,则$M$称为式(1.23)的不变集;若对于$t\geqslant 0(t\leqslant 0)$,$x(0)\in M\Rightarrow x(t)\in M$,则$M$称为式(1.23)的正

(负)不变集.

LaSalle 不变原理实际上是弱化的 Lyapunov 稳定性理论,放宽了 Lyapunov 稳定性理论的部分条件,被视为 Lyapunov 第二方法的推广,与 Lyapunov 稳定性理论不同,LaSalle 不变原理不要求 $V(x)$ 正定.

定理 1.4[119-120](LaSalle 不变原理) 设 $\Omega \in B$ 是正不变紧集(B 是包含平衡点的定义域),$V: B \to \mathbf{R}$ 是一个连续可微函数,在 Ω 中满足 $\dot{V}(x) \leqslant 0$. 定义 E 是 Ω 内满足 $\dot{V}(x)=0$ 的所有点的集合,M 是 E 中最大不变集,则 $t \to \infty$ 时,始于 Ω 内的每一个解都趋于 M.

第 2 章　多智能体系统动态牵制蜂拥控制算法

本章研究了具有切换拓扑结构的多智能体系统蜂拥控制问题. 智能体网络连通是实现多智能体系统蜂拥控制的重要前提条件. 由于智能体的感应半径有限且在不断更新自己的位置,如果智能体之间的距离大于感应半径,则它们之间不能进行信息交流,从而可能会导致整个智能体网络不连通. 在多智能体系统协调控制研究中,大部分控制算法都假设多智能体网络连通或者使用无限大的人工势函数保持网络连通[45-54],但是在实际应用当中这两种方法很难实现. 针对这种情况,本章提出的动态牵制蜂拥控制算法的做法是每次拓扑结构发生变化时,把整个智能体网络分为若干个连通子网络,再从每个子网络中选择度最大的智能体作为牵制节点(能直接收到虚拟领导者的反馈信息). 此时,所有智能体在每个时刻都能间接或者直接地收到虚拟领导者的位置和速度信息,从而多智能体网络最终能够连通并且实现蜂拥控制.

基于 LaSalle 不变原理,动态牵制蜂拥控制算法能够保证所有智能体的速度都一致并且与虚拟领导者的速度一样,所有牵制节点的平均位置与虚拟领导者的位置一样,智能体之间不会发生碰撞,并且所有智能体的局部势能达到最小化. 此外,本章还研究了动态牵制蜂拥控制算法的收敛速度和计算代价,并且把动态牵制蜂拥控制算法扩展到了虚拟领导者变速的情况. 最后给出了一些模拟实验结果验证本章算法的有效性.

2.1　问题阐述

考虑 n 个智能体在 m 维空间中移动. 每个智能体的运动方程表示为

$$\begin{cases} \dot{q}_i = p_i, \\ \dot{p}_i = u_i, \quad i=1,2,\cdots,n, \end{cases} \tag{2.1}$$

其中,$q_i \in \mathbf{R}^m$ 是智能体 i 的位置向量,$p_i \in \mathbf{R}^m$ 是智能体 i 的速度向量,$u_i \in \mathbf{R}^m$ 是智能体 i 的控制输入向量(加速度).

对于每个智能体 i,它的控制输入 u_i 由 3 个部分组成

$$u_i = f_i^\alpha + f_i^\beta + f_i^\gamma, \tag{2.2}$$

其中,f_i^α 是势函数项,用于实现智能体之间的分离和聚合目的,f_i^β 是速度一致项,用于实现智能体之间速度一致目的,f_i^γ 是虚拟领导者的信息反馈项,用于实现跟踪虚拟领导者的目的. 虚拟领导者的运动方程表示为

$$\begin{cases} \dot{q}_0 = p_0, \\ \dot{p}_0 = f_0(q_0, p_0), \end{cases} \tag{2.3}$$

其中,$q_0, p_0 \in \mathbf{R}^m$ 分别为虚拟领导者的位置和速度向量,$f_0(q_0, p_0)$是虚拟领导者的控制输入向量.

虚拟领导者可以看作是提前给定的预定路线,蜂拥控制的目的是使多智能体不仅达到蜂拥状态而且还要按照预定路线移动. 比如,对于多个无人机的编队飞行控制问题,虚拟领导者可以看作是预定路线或者是来自地面指挥员的命令.

2.2 常速领导者的动态牵制蜂拥控制算法

动态牵制策略的具体步骤是每次拓扑结构发生变化的时候,把整个智能体分为若干个连通子网络,再从每个子网络中选择度最大的智能体作为牵制节点(能直接收到虚拟领导者的反馈信息). 此时,每个智能体在每一个时刻都能直接或者间接地接收到虚拟领导者的位置和速度信息,从而既不用对每个节点都进行控制,又不需要整个智能体网络每时每刻都连通,就可以达到对多智能体系统蜂拥控制的目的. 下面详细介绍本章所提出的多智能体系统动态牵制蜂拥控制算法.

在动态牵制蜂拥控制算法中,假设有一个虚拟领导者且只有一小部分智能体即节点,能够直接收到虚拟领导者反馈信息,这些节点称为牵制节点,如图 2.1(a)中实心圆点所示;其他的节点称为非牵制节点,如图 2.1(a)中空心圆点所示. 非牵制节点分为两类:第一类非牵制节点和第二类非牵制节点. 如果一个节点和某一个牵制节点之间只有一条路径,那么称该节点为第一类非牵制节点,否则称该节点为第二类非牵制节点[24].

对于具有切换拓扑结构的多智能体系统，任何两个智能体之间的连边均有可能出现在某一个时刻断开的情况，该情况可能会导致第二类非牵制节点出现. 如果这种第二类非牵制节点收不到虚拟领导者的反馈信息，那么它有可能永远与大部分智能体网络断开，这会进一步导致多智能体系统无法达到整体蜂拥控制. 为了使第二类非牵制节点重新回到智能体网络中，本章提出了动态牵制算法，该算法的主要做法是在每个拓扑切换时刻，把整个智能体网络分成若干个连通子网络，之后从每个子网络中选择度最大的节点作为牵制节点，可以用 DFS(Depth First Search)或 BFS(Breadth First Search)[121]算法将整个网络划分为几个子网络. 拓扑结构发生变化的时刻就是每个智能体的邻域关系发生变化的时刻. 在时刻 t，一个智能体的邻域关系发生变化包括如下几种情形：①有第二类非牵制节点出现；②一些在 $t-\Delta t$ 时刻断开的子网络，在 t 时刻构成了新的子网络，其中，Δt 为时间增量；③以上两种情况都没有出现，但是某个子网络中智能体的邻域关系发生了变化.

动态牵制控制过程如下：在每个拓扑切换时刻 t，把整个网络分成 $l(t)$ 个连通子网络 $G_1, G_2, \cdots, G_{l(t)}$，$G(t)=G_1 \cup G_2 \cup \cdots \cup G_{l(t)}$，且当 $i \neq j$ 时，$G_i \cap G_j=\varnothing$. 划分完整个多智能体网络以后可知，连续两个切换拓扑时刻之间的拓扑结构是不变的. 在每个子网络中选择度最大的节点作为牵制节点，在牵制节点和虚拟领导者之间会产生虚拟连接，即牵制节点能够收到虚拟领导者的反馈信息，如图 2.1(b)中的实曲线和点划线所示. 因此，每次划分完智能体网络后，不会再有第二类非牵制节点，即所有节点都能够直接或间接地收到虚拟领导者的反馈信息，从而能够实现智能体网络连通. 在图 2.1 中，实线代表智能体之间的邻域关系. 图 2.1(b)中的虚线表示断开的边，曲线表示牵制节点与虚拟领导者之间的关系，点划线表示重组后新的牵制节点和虚拟领导者之间的关系. 在图 2.1(b)中，子网络 A 是一个节点，也可以看作是一个子网络，子网络 B 是从另一个子网络中划分出来的，子网络 C 是由不同子网络中划分出来的节点通过重新连接构成的，子网络 D 是两个子网络重新连接构成的新子网络.

在动态牵制策略中，从每个连通子网络中选择度最大的节点作为牵制节点，这样做的原因是在复杂网络中，度是刻画一个节点影响力的重要指标，并且一个节点的度是很容易测量的，这也是与文献[64]做法不同的地方.

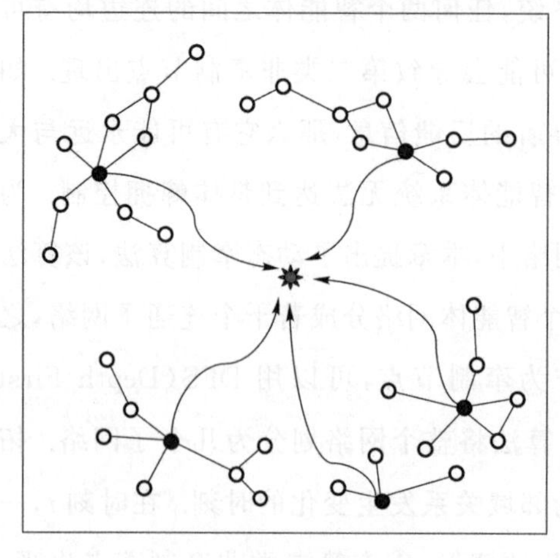
(a) 切换之前的拓扑结构

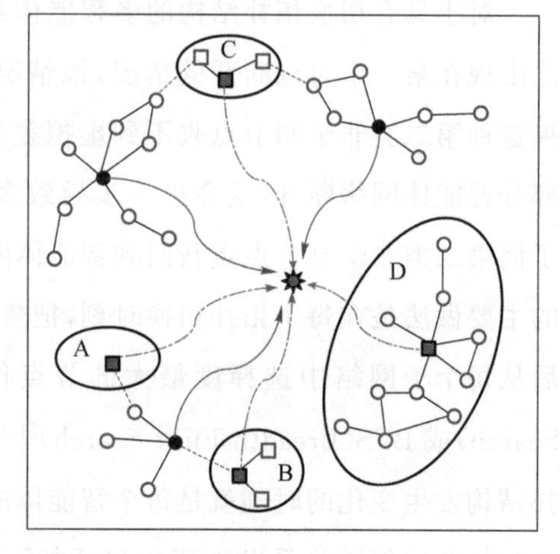

(b) 切换之后的拓扑结构

图 2.1 动态牵制示意图

为了达到多智能体系统的蜂拥控制，基于以上信息，对每个智能体 i 给出如下的控制输入：

$$u_i(t) = -\sum_{j\in N_i(t)} \nabla_{q_i}\psi_\alpha(\|q_j - q_i\|_\sigma) + \sum_{j\in N_i(t)} a_{ij}(t)(p_j - p_i) + h_i(t)[c_1(q_0 - q_i) + c_2(p_0 - p_i)], \tag{2.4}$$

其中，$i=1,2,\cdots,n$，$c_1,c_2>0$，虚拟领导者的速度为常数．在第 1 章中给出了人工势函数 $\psi_\alpha(z)$ 和邻接矩阵 $\mathbf{A}(t)=(a_{ij}(t))_{n\times n}$ 的表达式．如果在时刻 t 第 i 个智能体是牵制节点，则 $h_i(t)=1$，否则 $h_i(t)=0$．

在本章中，牵制节点是随着多智能体网络拓扑结构的变化而变化的；而在文献[24]中，牵制节点是不变的．本章提出的具有二阶模型的多智能体系统动态牵制蜂拥控制算法(算法Ⅰ)的步骤如下：

(1) 初始化所有参数和每个智能体的位置 $q_i(0)$、速度 $p_i(0)$，$i=0,1,2,\cdots,n$，并设初始时间 $t=0$．

(2) 在每个拓扑切换时刻，把整个智能体网络分成 $l(t)$ 个连通子网络．

(3) 从每个连通子网络中选择度最大的节点作为牵制节点．

(4) 在每个牵制节点和虚拟领导者之间加一个虚拟连接，即牵制节点能够收到虚拟领导者的反馈信息．

(5) 在每个 t 时刻，用式(2.4)更新所有智能体的位置和速度向量．

(6) 如果所有智能体的速度变成一致且与虚拟领导者的速度一样或者达到最大的迭代次数,算法终止,否则设 $t=t+\Delta t$ 且进行(7).

(7) 搜索整个网络,在时刻 t,一个智能体的邻域关系发生变化包括如下几种情形:①如果有第二类非牵制节点出现或者一些在 $t-\Delta t$ 时刻断开的子网络在 t 时刻构成了新的子网络,则回到(2);②如果以上两种情况都没有出现,回到(3);③如果 t 时刻的拓扑结构与 $t-\Delta t$ 时刻的拓扑结构一样,则回到(5).

2.3　算法的稳定性分析

本节采用矩阵论和代数图论[115-120,122]分析算法的稳定性. 为了给出本章蜂拥控制算法在控制输入〔式(2.4)〕下的稳定性分析,定义系统的总能量函数如下:

$$Q(t)=\frac{1}{2}\sum_{i=1}^{n}\left[U_i+(p_i-p_0)^{\mathrm{T}}(p_i-p_0)\right], \tag{2.5}$$

其中,

$$U_i=\sum_{j=1,j\neq i}^{n}\psi_\alpha(\|q_{ij}\|_\sigma)+h_i(t)c_1(q_i-q_0)^{\mathrm{T}}(q_i-q_0), \tag{2.6}$$

并且得到以下结论.

定理 2.1　考虑包含 n 个智能体的系统,每个智能体的运动方程由式(2.1)给出,并且用式(2.4)控制每个智能体. 假设系统的初始能量 $Q_0=Q(t_0)$ 为有限的,则可以得到以下几个结论:

(1) 所有智能体的速度达到一致,并且与虚拟领导者的速度一样;

(2) 所有牵制节点的平均位置与虚拟领导者的位置一样;

(3) 所有智能体的局部势能达到最小化;

(4) 所有智能体之间不会发生碰撞.

证明:(1) $t_1,t_2,\cdots$ 表示一系列拓扑切换时刻,并且在每两个连续的切换时刻 $[t_y,t_{y+1})$,$y=0,1,\cdots$ 内,网络 $G(t)$ 的拓扑结构是不变的. 由于拓扑结构的切换性,总能量函数 $Q(t)$ 在多智能体网络拓扑切换时刻是不连续的,但是在每个 $[t_y,t_{y+1})$,$y=0,1,\cdots$ 内是可微的.

设 $\tilde{q}_i=q_i-q_0$,$\tilde{p}_i=p_i-p_0$,$q_{ij}=q_i-q_j$ 且 $\tilde{q}_{ij}=\tilde{q}_i-\tilde{q}_j$. 因此,每个智能体 i 的控制输入〔式(2.4)〕可以改写为

$$u_i=-\sum_{j\in N_i(t)}\nabla_{\tilde{q}_i}\psi_\alpha(\|\tilde{q}_{ij}\|_\sigma)-\sum_{j\in N_i(t)}a_{ij}(t)(\tilde{p}_i-\tilde{p}_j)-h_i(t)[c_1\tilde{q}_i+c_2\tilde{p}_i], \tag{2.7}$$

且非负定函数〔式(2.5)〕可以改写为

$$Q(t)=\frac{1}{2}\sum_{i=1}^{n}(U_i+\tilde{p}_i^{\mathrm{T}}\tilde{p}_i), \tag{2.8}$$

其中，

$$U_i(\tilde{q})=\sum_{j=1,j\neq i}^{n}\psi_\alpha(\|\tilde{q}_{ij}\|_\sigma)+h_i(t)c_1\tilde{q}_i^{\mathrm{T}}\tilde{q}_i. \tag{2.9}$$

显然，$Q(t)$是正半定的函数，其中，$\tilde{p}=\mathrm{col}(\tilde{p}_1,\tilde{p}_2,\cdots,\tilde{p}_n)\in\mathbf{R}^{mn}$，$\tilde{q}=\mathrm{col}(\tilde{q}_1,\tilde{q}_2,\cdots,\tilde{q}_n)\in\mathbf{R}^{mn}$.

由势函数和邻接矩阵的对称性，我们可以得到

$$\nabla_{\tilde{q}_{ij}}\psi_\alpha(\|\tilde{q}_{ij}\|_\sigma)=\nabla_{\tilde{q}_i}\psi_\alpha(\|\tilde{q}_{ij}\|_\sigma)=-\nabla_{\tilde{q}_j}\psi_\alpha(\|\tilde{q}_{ij}\|_\sigma). \tag{2.10}$$

对总能量函数 $Q(t)$ 求关于时间 t 的导数，可以得到

$$\begin{aligned}\dot{Q}(t)=&\sum_{i=1}^{n}\sum_{j\in N_i(t)}\tilde{p}_i^{\mathrm{T}}\nabla_{\tilde{q}_i}\psi_\alpha(\|\tilde{q}_{ij}\|_\sigma)+\sum_{i=1}^{n}h_i(t)c_1\tilde{p}_i^{\mathrm{T}}\tilde{q}_i+\sum_{i=1}^{N}\tilde{p}_i^{\mathrm{T}}u_i\\=&\sum_{i=1}^{n}\sum_{j\in N_i(t)}\tilde{p}_i^{\mathrm{T}}\nabla_{\tilde{q}_i}\psi_\alpha(\|\tilde{q}_{ij}\|_\sigma)+\sum_{i=1}^{n}h_i(t)c_1\tilde{p}_i^{\mathrm{T}}\tilde{q}_i+\\&\sum_{i=1}^{n}\tilde{p}_i^{\mathrm{T}}\Big[-\sum_{j\in N_i(t)}\nabla_{\tilde{q}_i}\psi_\alpha(\|\tilde{q}_{ij}\|_\sigma)-\sum_{j\in N_i(t)}a_{ij}(t)(\tilde{p}_i-\tilde{p}_j)-\\&h_i(t)[c_1\tilde{q}_i+c_2\tilde{p}_i]\Big]\\=&-\tilde{p}^{\mathrm{T}}[(\boldsymbol{L}(t)+c_2\boldsymbol{H}(t))\otimes\boldsymbol{I}_m]\tilde{p}\\\leqslant&\ 0,\end{aligned} \tag{2.11}$$

其中，$\boldsymbol{H}(t)=\mathrm{diag}[h_1(t),h_2(t),\cdots,h_n(t)]$，$\boldsymbol{L}(t)\in\mathbf{R}^{n\times n}$ 是网络 $G(t)$ 对应的 Laplacian矩阵. 在式(2.11)中，用到了矩阵 $\boldsymbol{L}(t)$和 $\boldsymbol{H}(t)$的正半定性. $\dot{Q}(t)\leqslant 0$ 意味着 $Q(t)$在 $t\in[t_y,t_{y+1})$，$y=0,1,2,\cdots$内是一个非增函数.

t_y^- 和 t_y 分别表示划分多智能体网络之前和之后的时刻，在某些时候，t_y^- 时刻的总能量函数 $Q(t_y^-)$可能与 t_y 时刻的总能量函数 $Q(t_y)$不同. 总能量函数不连续主要是拓扑切换时刻牵制节点变化造成的，而牵制节点发生变化是因为有第二类非牵制节点出现，或者一些在 $t-\Delta t$ 时刻断开的子网络在 t 时刻构成了新的子网络. 牵制节点的变化会导致总能量函数〔式(2.5)〕在某些拓扑切换时刻发生增长，如图 2.2 所示. 但是，在每个区间 $t\in[t_y,t_{y+1})$，$y=0,1,2,\cdots$内，总能量函数 $Q(t)$会随时间递减，这说明所有智能体逐渐调整它们的位置以与周围的智能体保持期望距离并且渐渐将它们的速度调整至与虚拟领导者一样，这会减少第二类非牵制

节点的出现，并且能量函数差 $\Delta Q=Q(t_y)-Q(t_y^-)$ 会逐渐减小. 经过有限时间 T_0 以后，每个连通子网络的规模会越来越大，且不会再出现第二类非牵制节点.

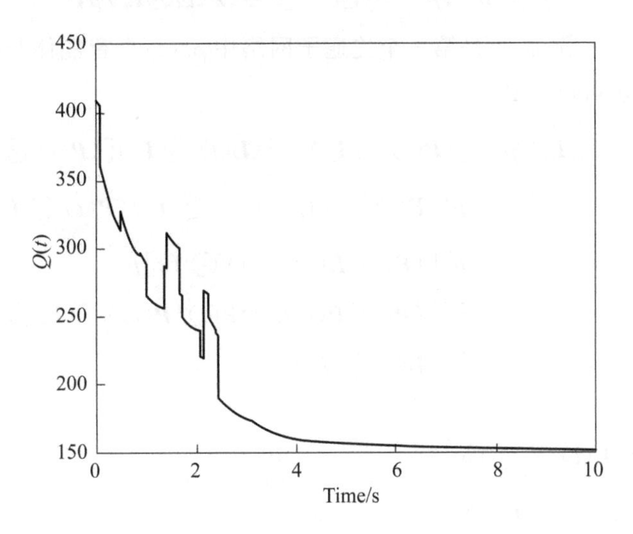

图 2.2 能量函数示意图

下面考虑当 $t>T_0$ 时算法的收敛性. 对于任意 $c>0$，$\Omega=\{[\tilde{q}^{\mathrm{T}},\tilde{p}^{\mathrm{T}}]^{\mathrm{T}}\in\mathbf{R}^{2mn}\mid Q(\tilde{q},\tilde{p})\leqslant c\}$ 表示总能量函数 Q 的水平集. 已知 Ω 是不变集，从式(2.8)可以得到 $\tilde{p}_i^{\mathrm{T}}\tilde{p}_i\leqslant 2c$，$i=1,2,\cdots,n$. 因此，$\|\tilde{p}_i\|$ 是有限的. 根据本书的动态牵制策略，在任何时刻，每个智能体与虚拟领导者都有直接或间接的联系，可以得到 $\|\tilde{q}_i\|$，$i=1,2,\cdots,n$ 是有限的，故 Ω 是紧集，从而可以得到 Ω 是不变紧集. 根据 LaSalle 不变原理[120]，从 Ω 开始的所有智能体的轨迹将会收敛到它的最大不变子集

$$S=\{[\tilde{q}^{\mathrm{T}},\tilde{p}^{\mathrm{T}}]^{\mathrm{T}}\in\mathbf{R}^{2mn}\mid\dot{Q}=0\}.$$

根据 $\boldsymbol{L}(t)\otimes\boldsymbol{I}_m$ 和 $\boldsymbol{H}(t)\otimes\boldsymbol{I}_m$ 是正半定矩阵，由式(2.11)可以得到，当且仅当 $-\tilde{p}^{\mathrm{T}}(\boldsymbol{L}(t)\otimes\boldsymbol{I}_m)\tilde{p}=0$ 和 $-\tilde{p}^{\mathrm{T}}(\boldsymbol{H}(t)\otimes\boldsymbol{I}_m)\tilde{p}=0$ 时，$\dot{Q}(t)=0$.

假设 $G(t)$ 有 $l(t)$ 个连通子网络，并且每个子网络都有 $\rho_k(t)$，$k=1,2,\cdots,l(t)$ 个智能体. 对于任何 $t\geqslant 0$ 时刻，总存在正交转换矩阵 $\boldsymbol{P}(t)\in\mathbf{R}^{n\times n}$ 使得 $\boldsymbol{L}(t)$ 可以转换成分块对角矩阵的形式

$$\breve{\boldsymbol{L}}(t)=\boldsymbol{P}(t)\boldsymbol{L}(t)\boldsymbol{P}(t)^{\mathrm{T}}=\begin{bmatrix}\boldsymbol{L}_1(t) & 0 & 0 & 0\\ 0 & \boldsymbol{L}_2(t) & 0 & 0\\ 0 & 0 & \ddots & 0\\ 0 & 0 & 0 & \boldsymbol{L}_{l(t)}(t)\end{bmatrix},$$

其中，$\boldsymbol{L}_k(t)\in\mathbf{R}^{\rho_k(t)\times\rho_k(t)}$，$k=1,2,\cdots,l(t)$ 是第 k 个连通子网络对应的 Laplacian 矩

阵. 状态向量的下标可以重新排列,使得

$$\breve{p}=[\tilde{p}^{1\mathrm{T}},\tilde{p}^{2\mathrm{T}},\cdots,\tilde{p}^{l(t)\mathrm{T}}]^{\mathrm{T}}=(\boldsymbol{P}(t)\otimes\boldsymbol{I}_m)\tilde{p},$$

其中,$\tilde{p}^k=[\tilde{p}_1^k,\cdots,\tilde{p}_{\rho_k(t)}^k]^{\mathrm{T}}$ 是第 k 个连通子网络中 $\rho_k(t)$个智能体与虚拟领导者的速度差. 进一步可以得到

$$\begin{aligned}\breve{p}^{\mathrm{T}}(\breve{\boldsymbol{L}}(t)\otimes\boldsymbol{I}_m)\breve{p}&=[(\boldsymbol{P}(t)\otimes\boldsymbol{I}_m)\tilde{p}]^{\mathrm{T}}(\breve{\boldsymbol{L}}(t)\otimes\boldsymbol{I}_m)[(\boldsymbol{P}(t)\otimes\boldsymbol{I}_m)\tilde{p}]\\&=\tilde{p}^{\mathrm{T}}(\boldsymbol{P}(t)^{\mathrm{T}}\otimes\boldsymbol{I}_m)(\breve{\boldsymbol{L}}(t)\otimes\boldsymbol{I}_m)(\boldsymbol{P}(t)\otimes\boldsymbol{I}_m)\tilde{p}\\&=\tilde{p}^{\mathrm{T}}[(\boldsymbol{P}(t)^{\mathrm{T}}\breve{\boldsymbol{L}}(t)\boldsymbol{P}(t))\otimes\boldsymbol{I}_m]\tilde{p}\\&=\tilde{p}^{\mathrm{T}}[(\boldsymbol{P}(t)^{\mathrm{T}}\boldsymbol{P}(t)\boldsymbol{L}(t)\boldsymbol{P}(t)^{\mathrm{T}}\boldsymbol{P}(t))\otimes\boldsymbol{I}_m]\tilde{p}\\&=\tilde{p}^{\mathrm{T}}(\boldsymbol{L}(t)\otimes\boldsymbol{I}_m)\tilde{p}.\end{aligned}$$

因此,

$$\begin{aligned}&-\tilde{p}^{\mathrm{T}}(\boldsymbol{L}(t)\otimes\boldsymbol{I}_m)\tilde{p}\\&=-\breve{p}^{\mathrm{T}}(\breve{\boldsymbol{L}}(t)\otimes\boldsymbol{I}_m)\breve{p}\\&=-[\tilde{p}^{1\mathrm{T}},\tilde{p}^{2\mathrm{T}},\cdots,\tilde{p}^{l(t)\mathrm{T}}]\left(\begin{bmatrix}\boldsymbol{L}_1(t)&0&0&0\\0&\boldsymbol{L}_2(t)&0&0\\0&0&\ddots&0\\0&0&0&\boldsymbol{L}_{l(t)}(t)\end{bmatrix}\otimes\boldsymbol{I}_m\right)\begin{bmatrix}\tilde{p}^1\\\tilde{p}^2\\\vdots\\\tilde{p}^{l(t)}\end{bmatrix}\\&=-\sum_{k=1}^{l(t)}\tilde{p}^{k\mathrm{T}}(\boldsymbol{L}_k(t)\otimes\boldsymbol{I}_m)\tilde{p}^k.\end{aligned}$$

显然,当且仅当$-\tilde{p}^{k\mathrm{T}}(\boldsymbol{L}_k(t)\otimes\boldsymbol{I}_m)\tilde{p}^k=0,1\leqslant k\leqslant l(t)$时,$-\tilde{p}^{\mathrm{T}}(\boldsymbol{L}(t)\otimes\boldsymbol{I}_m)\tilde{p}=0$. 所以对于所有连通子网络,$-\tilde{p}^{k\mathrm{T}}(\boldsymbol{L}_k(t)\otimes\boldsymbol{I}_m)\tilde{p}^k=0$ 等价于 $\tilde{p}_1^k=\cdots=\tilde{p}_{\rho_k(t)}^k$,这说明每个连通子网络 $G_k(t),1\leqslant k\leqslant l(t)$中所有智能体与虚拟领导者的速度差都是相同的. 类似地,我们可以得到

$$-\tilde{p}^{\mathrm{T}}(\boldsymbol{H}(t)\otimes\boldsymbol{I}_m)\tilde{p}=-\sum_{k=1}^{l(t)}\tilde{p}^{k\mathrm{T}}(\boldsymbol{H}_k(t)\otimes\boldsymbol{I}_m)\tilde{p}^k,$$

其中,$\boldsymbol{H}_k(t)\in\mathbf{R}^{\rho_k(t)\times\rho_k(t)}$是第 k 个连通子网络对应的对角矩阵. 对于每个连通子网络,如果在时刻 t 第 $i,1\leqslant i\leqslant\rho_k(t)$个智能体是牵制节点,则 $\boldsymbol{H}_k(t)$的第 i 个对角元素是 1,否则 $\boldsymbol{H}_k(t)$的第 i 个对角元素是 0.

显然,当且仅当$-\tilde{p}^{k\mathrm{T}}(\boldsymbol{H}_k(t)\otimes\boldsymbol{I}_m)\tilde{p}^k=0,1\leqslant k\leqslant l(t)$时,$-\tilde{p}^{\mathrm{T}}(\boldsymbol{H}(t)\otimes\boldsymbol{I}_m)\tilde{p}=0$. 这说明所有牵制节点的速度与虚拟领导者的速度一样.

根据本书提出的动态牵制算法,从每个连通子网络中选择度最大的节点作为牵制节点,所以每个连通子网络中恰好有一个牵制节点. 为不失一般性,我们假设

每个连通子网络中的第一个智能体为牵制节点，可以得到 $\tilde{p}_1^k=0,1\leqslant k\leqslant l(t)$. 基于前文中得到的结论可知：对于每个连通子网络，都有 $\tilde{p}_i^k=0,1\leqslant i\leqslant \rho_k(t)$. 这表示所有智能体与虚拟领导者均以相同的速度运动，即 $p_1=p_2=\cdots=p_n=p_0$. 定理的第一部分证完.

(2) 所有智能体都以同样的速度与虚拟领导者一起移动，并且每个智能体逐渐与它周围的智能体保持期望距离. 即

$$\dot{p}_1=\dot{p}_2=\cdots=\dot{p}_n=\dot{p}_0=0.$$

从式(2.4)中我们可以得到

$$u_i(t)=-\sum_{j\in N_i(t)}\nabla_{q_i}\psi_\alpha(\|q_{ij}\|_\sigma)-h_i(t)c_1(q_i-q_0),$$

因为

$$\sum_{i=1}^n u_i(t)=-\sum_{i=1}^n\sum_{j\in N_i(t)}\nabla_{q_i}\psi_\alpha(\|q_{ij}\|_\sigma)-\sum_{i=1}^n h_i(t)c_1(q_i-q_0)=0,$$

所以

$$\sum_{i=1}^n h_i(t)(q_i-q_0)=l(t)\left(\frac{\sum_{i=1}^{l(t)}q_i}{l(t)}-q_0\right)=0.$$

这说明所有牵制节点的平均位置与虚拟领导者的位置一样. 根据本书的动态牵制算法可知，整个智能体网络连通以后，牵制节点个数会变成一个，所以蜂拥控制算法最后得到的结论是唯一牵制节点的位置与虚拟领导者的位置重合. 定理的第二部分证完.

(3) 根据(1)和(2)得到的结论，系统中的所有轨迹会收到最大不变子集 $S=\{[\tilde{q}^{\mathrm{T}},\tilde{p}^{\mathrm{T}}]^{\mathrm{T}}\in\mathbf{R}^{2mn}\,|\,\dot{Q}(t)=0\}$. 在集合 S 中，每个智能体的控制输入变为

$$u=\dot{\tilde{p}}=-[(\nabla_{q_1}U_1)^{\mathrm{T}},(\nabla_{q_2}U_2)^{\mathrm{T}},\cdots,(\nabla_{q_n}U_n)^{\mathrm{T}}]^{\mathrm{T}}=0.$$

这意味着当所有智能体的速度达到一样的时候，每个智能体的局部势能 U_i，$i=1,2,\cdots,n$ 达到最小化. 定理的第三部分证完.

(4) 首先在第一个时间区间 $[t_0,t_1)$ 内讨论智能体之间的碰撞问题. 假设 $Q(t_0)<\psi_\alpha(0)$，从式(2.11)可以得到，在 $t\in[t_0,t_1)$ 时刻 $Q(t)\leqslant Q_0<\psi_\alpha(0)$. 如果存在某个时刻 $t_s\in[t_0,t_1)$，使得两个不同的智能体 k 和智能体 l 发生碰撞，即 $q_k(t_s)=q_l(t_s)$，则有

$$\begin{aligned}Q(t_s)&\geqslant\frac{1}{2}\sum_i\sum_{j\neq i}\psi_\alpha(\|q_{ij}\|_\sigma)\\&=\psi_\alpha(\|q_k-q_l\|_\sigma)+\frac{1}{2}\sum_{i\neq k,l}\sum_{j\neq i,k,l}\psi_\alpha(\|q_{ij}\|_\sigma)\\&\geqslant\psi_\alpha(\|q_k-q_l\|_\sigma).\end{aligned}$$

因此,在时刻 t_s,$Q(t_s)\geqslant\psi_\alpha(0)$,与假设矛盾,所以在时间区间$[t_0,t_1)$内不会有任何智能体发生碰撞. 假设系统的初始能量 $Q(t_0)<(\bar{k}+1)\psi_\alpha(0)$,并且有超过 $\bar{k}$ 对智能体在时刻 t_s 相互碰撞,因此,至少有 $\bar{k}+1$ 个智能体在时刻 t_s 发生了碰撞. 在时刻 t_s,系统能量不低于$(\bar{k}+1)\psi_\alpha(0)$,然而 $Q(t_0)\geqslant Q(t_s)\geqslant(\bar{k}+1)\psi_\alpha(0)$,这与假设相互矛盾. 所以在假设条件下,最多不超过 $\bar{k}$ 对智能体会相互碰撞. 如果 $\bar{k}=0$,则所有的智能体在时间区间$[t_0,t_1)$都不会发生碰撞.

由定理的第一部分证明可以得到,有时 t_y^- 时刻的总能量函数 $Q(t_y^-)$可能与 t_y 时刻的总能量函数 $Q(t_y)$不同. 总能量函数的不连续性主要是在拓扑切换时刻牵制节点变化造成的,而牵制节点发生变化是因为有第二类非牵制节点出现或者一些在 $t-\Delta t$ 时刻断开的子网络在 t 时刻构成了新的子网络. 但是,在每个区间 $t\in[t_y,t_{y+1})$,$y=0,1,2,\cdots$内,总能量函数 $Q(t)$会随时间递减,并且能量函数差 $\Delta Q=Q(t_y)-Q(t_y^-)$会逐渐减小. 如果取 $\psi_\alpha(0)$足够大,则假设每个拓扑切换时刻系统的初始能量 $Q(t_0)<(\bar{k}+1)\psi_\alpha(0)$都成立. 类似第一个时间区间的证明,可以得到所有智能体在每个$[t_y,t_{y+1})$,$y=1,2,\cdots$内都不会发生碰撞. 定理的第四部分证完.

2.4 变速领导者的动态牵制蜂拥控制算法

对于具有变化速度的虚拟领导者,每个智能体的控制输入如下:

$$\begin{aligned}u_i=&-\sum_{j\in N_i(t)}\nabla_{q_i}\psi_\alpha(\|q_j-q_i\|_\sigma)+\sum_{j\in N_i(t)}a_{ij}(t)(p_j-p_i)+\\&h_i(t)[c_1(q_0-q_i)+c_2(p_0-p_i)]+f_0(q_0,p_0),\end{aligned}\tag{2.12}$$

其中,$i=1,2,\cdots,n$,$f_0(q_0,p_0)$是虚拟领导者的加速度,其他参数同式(2.4).

具有变速领导者的蜂拥控制算法(算法Ⅱ)与算法Ⅰ类似,只是在算法的(5)更新每个智能体位置与速度时采用式(2.12).

定理 2.2 考虑包含 n 个智能体的系统,每个智能体的运动方程由式(2.1)给出,并且用式(2.12)控制每个智能体. 假设系统的初始能量 $Q_0=Q(t_0)$为有限的,则可以得到以下几个结论:

(1) 所有智能体的速度达到一致,并且与虚拟领导者的速度一样;

(2) 所有牵制节点的平均位置与虚拟领导者的位置一样;

(3) 所有智能体的局部势能达到最小化;

(4) 所有智能体之间不会发生碰撞.

证明:(1)$t_1,t_2,\cdots$表示一系列拓扑切换时刻,并且在每两个连续的切换时刻$[t_y,t_{y+1}),y=0,1,\cdots$内,网络$G(t)$的拓扑结构是不变的. 由于拓扑结构的切换性,总能量函数$Q(t)$在多智能体网络拓扑切换时刻是不连续的,但是在每个$[t_y,t_{y+1})$,$y=0,1,\cdots$内是可微的.

设$\tilde{q}_i=q_i-q_0,\tilde{p}_i=p_i-p_0,q_{ij}=q_i-q_j$且$\tilde{q}_{ij}=\tilde{q}_i-\tilde{q}_j$. 因此,每个智能体$i$的控制输入〔式(2.12)〕可以改写为

$$u_i=-\sum_{j\in N_i(t)}\nabla_{\tilde{q}_i}\psi_\alpha(\|\tilde{q}_{ij}\|_\sigma)-\sum_{j\in N_i(t)}a_{ij}(q)(\tilde{p}_i-\tilde{p}_j)-$$
$$h_i(t)[c_1\tilde{q}_i+c_2\tilde{p}_i]+f_0(q_0,p_0),\tag{2.13}$$

且非负定函数〔式(2.5)〕可以改写为式(2.8)和式(2.9)的形式. 对总能量函数$Q(t)$求关于时间t的导数,可以得到

$$\begin{aligned}\dot{Q}(t)=&\sum_{i=1}^{n}\sum_{j\in N_i(t)}\tilde{p}_i^{\mathrm{T}}\nabla_{\tilde{q}_i}\psi_\alpha(\|\tilde{q}_{ij}\|_\sigma)+\sum_{i=1}^{n}h_i(t)c_1\tilde{p}_i^{\mathrm{T}}\tilde{q}_i+\sum_{i=1}^{n}\tilde{p}_i^{\mathrm{T}}(u_i-f_0(q_0,p_0))\\
=&\sum_{i=1}^{n}\sum_{j\in N_i(t)}\tilde{p}_i^{\mathrm{T}}\nabla_{\tilde{q}_i}\psi_\alpha(\|\tilde{q}_{ij}\|_\sigma)+\sum_{i=1}^{n}h_i(t)c_1\tilde{p}_i^{\mathrm{T}}\tilde{q}_i+\\
&\sum_{i=1}^{n}\tilde{p}_i^{\mathrm{T}}\Big[-\sum_{j\in N_i(t)}\nabla_{\tilde{q}_i}\psi_\alpha(\|\tilde{q}_{ij}\|_\sigma)-\sum_{j\in N_i(t)}a_{ij}(q)(\tilde{p}_i-\tilde{p}_j)-\\
&h_i(t)(c_1\tilde{q}_i+c_2\tilde{p}_i)+f_0(q_0,p_0)-f_0(q_0,p_0)\Big]\\
=&-\sum_{i=1}^{n}\tilde{p}_i^{\mathrm{T}}\sum_{j\in N_i(t)}a_{ij}(t)(\tilde{p}_i-\tilde{p}_j)-\sum_{i=1}^{n}\tilde{p}_i^{\mathrm{T}}h_i(t)c_2\tilde{p}_i\\
=&-\tilde{p}^{\mathrm{T}}[(\boldsymbol{L}(t)+c_2\boldsymbol{H}(t))\otimes\boldsymbol{I}_m]\tilde{p}\\
\leqslant&\,0,\end{aligned}\tag{2.14}$$

其中,$\boldsymbol{H}(t)=\mathrm{diag}[h_1(t),h_2(t),\cdots,h_n(t)]$,$\boldsymbol{L}(t)\in\mathbf{R}^{n\times n}$是网络$G(t)$对应的Laplacian矩阵. 在式(2.14)中,用到了矩阵$\boldsymbol{L}(t)$和$\boldsymbol{H}(t)$的正半定性. $\dot{Q}(t)\leqslant 0$意味着$Q(t)$在$t\in[t_y,t_{y+1}),y=0,1,2,\cdots$内是一个非增函数. 定理2.2的其余证明与定理2.1的证明相同,在此省略。

2.5　数值模拟结果与讨论

2.5.1　常速领导者的蜂拥控制算法数值模拟

本小节模拟了30个智能体在控制输入〔式(2.4)〕的影响下在二维平面上运动

的情况. 30 个智能体的初始位置和初始速度分别由区间[0,25]×[0,25]和[−1,1]×[−1,1]随机生成. 每个智能体的感应半径 $r=4$,期望距离 $d=3.3$,$c_1=1$,$c_2=3$,其他参数设置与文献[23]一样. 虚拟领导者的初始位置和初始速度分别设为 $q_0(0)=[12,12]^{\mathrm{T}}$ 和 $p_0=[0.5,0.5]^{\mathrm{T}}$. 在本小节中,虚拟领导者的速度设为常速,即虚拟领导者的加速度为零.

图 2.3 给出了 30 个智能体组成的多智能体网络的初始拓扑结构、拓扑结构的演化过程和最终拓扑结构. 在图 2.3 中,实心圆点表示牵制节点的位置,空心圆点表示非牵制节点的位置,星星表示虚拟领导者的位置,直线表示智能体之间的邻域关系. 图 2.3(f)中的箭头表示智能体的速度方向及大小. 图 2.3(a)显示了 30 个智能体的初始网络,通过该图我们可以看出初始网络有很高的不连通性. 用牵制节点的标号表示它代表的连通子网络,比如,在图 2.3(a)中,智能体 25 是牵制节点,它代表的连通子网络由智能体 8、9、19、23、24、25 构成,故该子网络被记为子网络 25. 我们可以很容易地看出,图 2.3(a)中的子网络 26 和子网络 17 在图 2.3(b)中构成了新的子网络 17,图 2.3(b)中的子网络 17 和子网络 14 在图 2.3(c)中构成了新的子网络 17. 在图 2.3(d)中出现了第二类非牵制节点 8、9 和 21,重新选择智能体 9 和智能体 21 作为新的牵制节点. 随着拓扑结构的演化,最大子网络的规模会越来越大,并且子网络的个数会越来越少,如图 2.3(b)至图 2.3(e)所示. 最终,所有的智能体都会连通且速度达到一致并且与虚拟领导者的速度一样,如图 2.3(f)所示.

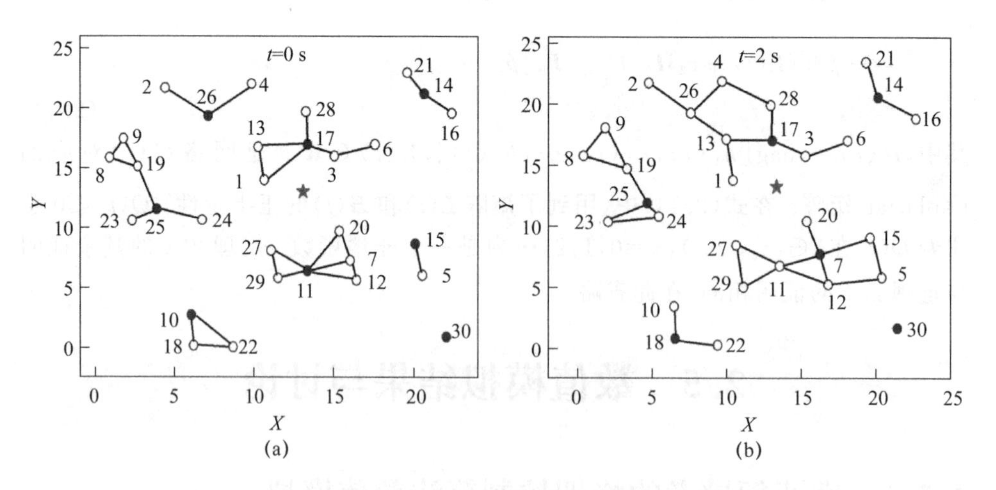

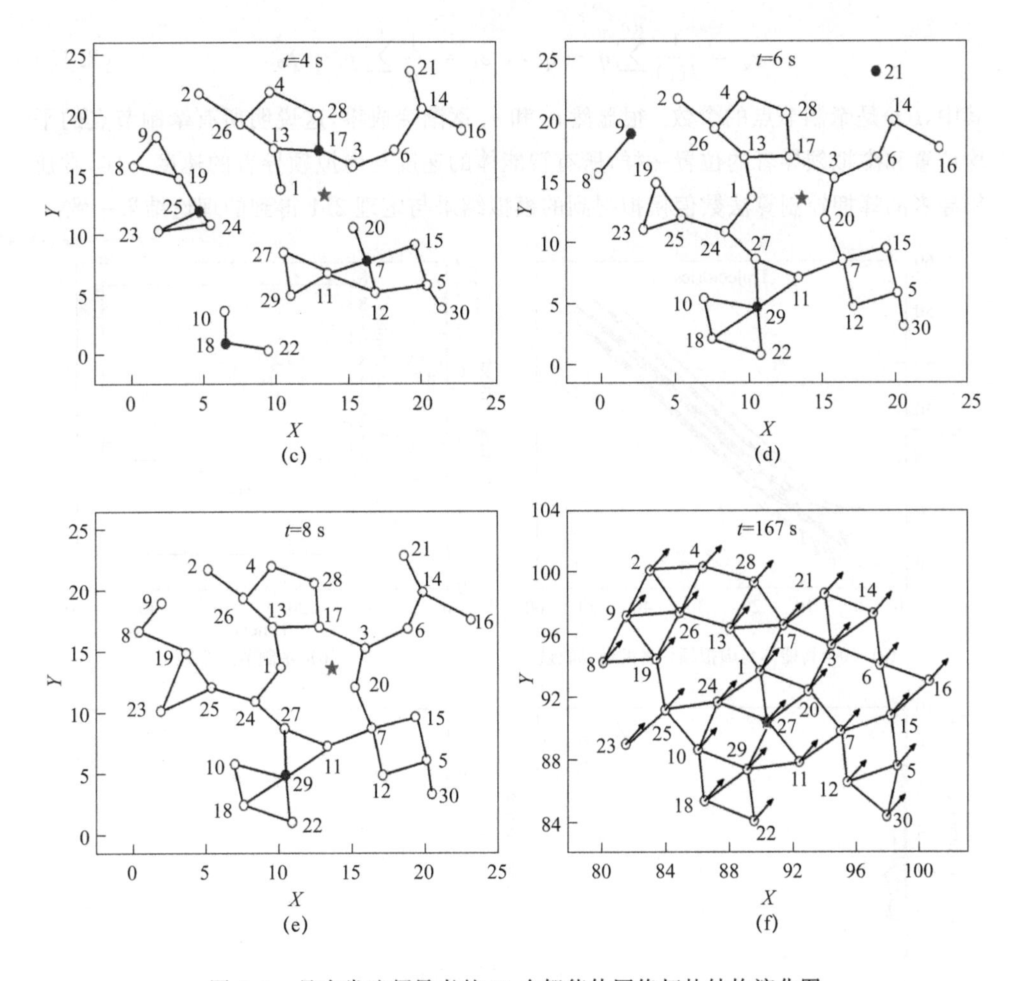

图 2.3　具有常速领导者的 30 个智能体网络拓扑结构演化图

图 2.4(a)给出了 30 个智能体中的 10 个智能体和虚拟领导者的运动轨迹. 由于虚拟领导者的速度为常速,因此,它最终进行直线运动. 图 2.4(b)给出了算法前 50 s 内的牵制节点个数,我们可以很容易地看出牵制节点个数随着时间的增长而减少. 但是在某些时刻会出现牵制节点个数增加的情况,这是因为在智能体网络拓扑演化的过程中出现了新的第二类非牵制节点,故需要重新选择牵制节点,这会导致牵制节点个数增加. 在多智能体系统渐进蜂拥的过程中,所有智能体逐渐调整它们的位置以与周围的智能体保持期望距离并且渐渐将它们的速度调整至与虚拟领导者一样. 图 2.4(c)和图 2.4(d)分别显示了所有牵制节点的平均位置与虚拟领导者位置的误差和所有智能体的平均速度与虚拟领导者速度的误差,位置误差和速度误差的定义如下:

$$e_q = \frac{1}{l(t)}\sum_{i=1}^{l(t)} q_i - q_0, \quad e_p = \frac{1}{n}\sum_{i=1}^{n} p_i - p_0, \tag{2.15}$$

其中,$l(t)$是牵制节点的个数. 很显然 e_q 和 e_p 逐渐变成零,这说明所有牵制节点的平均位置和虚拟领导者的位置一样,所有智能体的速度与虚拟领导者的速度一样,常速领导者的蜂拥控制算法数值模拟得到的模拟结果与定理 2.1 得到的理论结果一致.

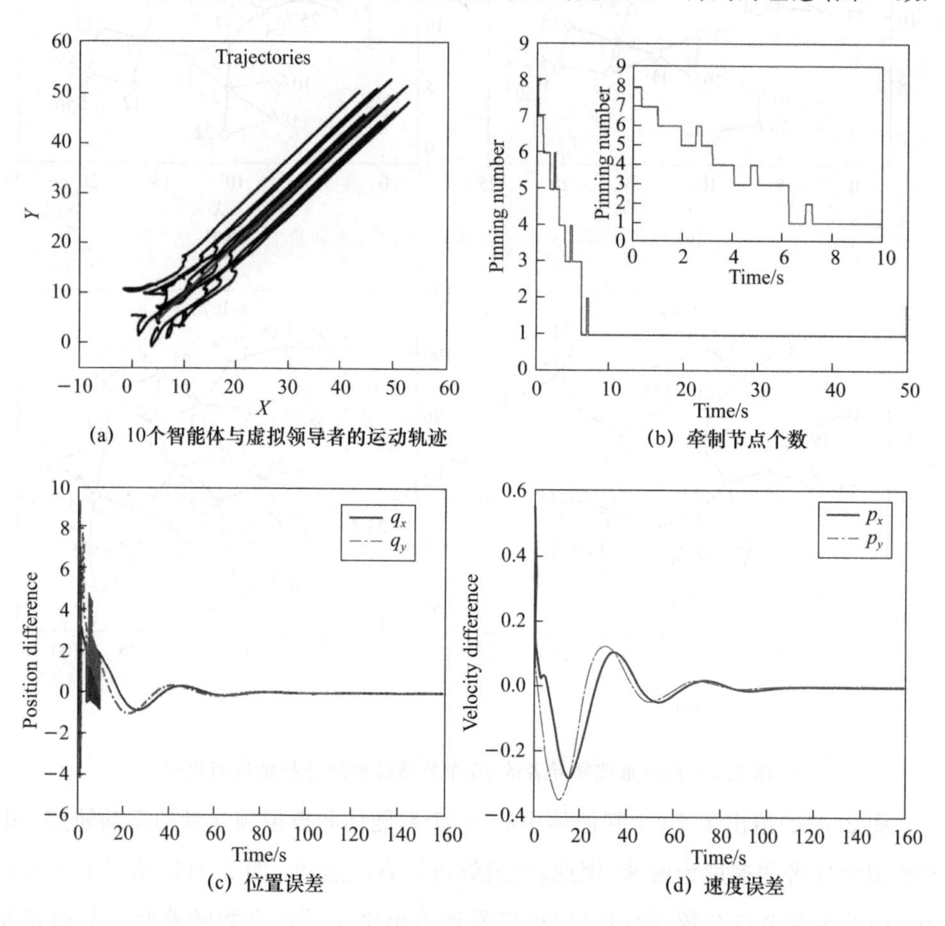

(a) 10个智能体与虚拟领导者的运动轨迹

(b) 牵制节点个数

(c) 位置误差

(d) 速度误差

图 2.4 具有常速领导者的 30 个智能体的蜂拥控制模拟结果

2.5.2 收敛速度和计算代价的比较

在本小节,我们给出了常速领导者的动态牵制蜂拥控制算法的收敛速度和计算代价,同时与文献[64]中的算法做了比较. 代价函数的定义如下:

$$\mathrm{Cf}(t) = \sum_{i=1}^{n} h_i(t)(c_1 + c_2) + \frac{1}{2}\sum_{i=1}^{n}\sum_{j\in N_i(t)} a_{ij}(t). \tag{2.16}$$

式(2.16)中所有参数的设置与 2.5.1 小节相同.

图 2.5(a)给出了两个蜂拥控制算法迭代次数的比较结果，每个算法均运行了10 次. 不难发现，本章算法(算法 B)的迭代次数总是少于文献[64]中算法(算法A)的迭代次数. 算法 B 的平均迭代次数是 5 600 次，而算法 A 的平均迭代次数是7 000次. 图 2.5(b)同时给出了两个算法的计算代价，可以看出算法 B 的计算代价少于算法 A 的计算代价. 这些模拟结果意味着本章提出的算法有很好的收敛速度并且计算代价非常少.

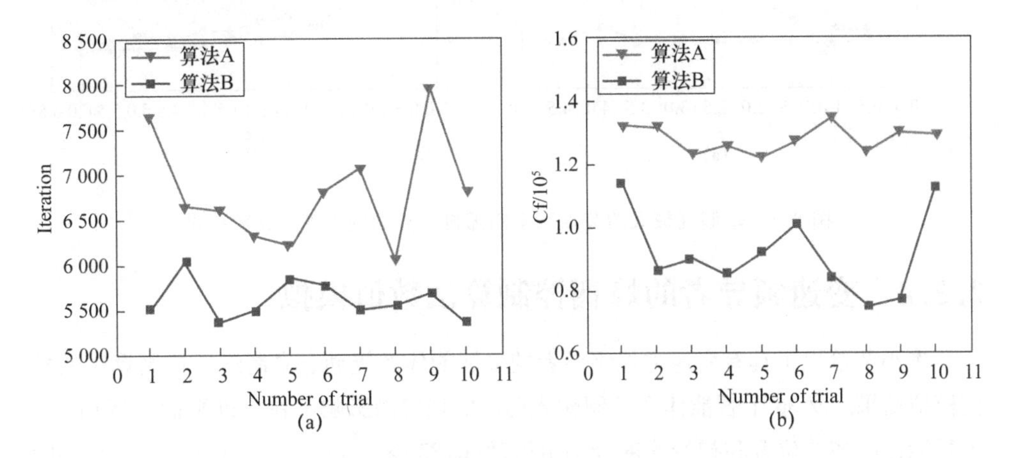

图 2.5　两个算法的收敛速度和计算代价的比较结果

2.5.3　系数 c_1、c_2 的讨论

本章提出的算法中的每个连通子网络选择度最大的节点作为牵制节点，但是如果随机选择一个牵制节点，算法的收敛速度会是怎么样的？图 2.6 显示了在常速领导者的动态牵制蜂拥控制算法中，每个子网络选择牵制度最大的节点(算法B)和牵制随机节点(算法 A)这两种情况的收敛速度的比较结果. 所有参数设置与2.5.1 小节相同.

图 2.6(a)给出了当 $c_2=3$ 固定，c_1 取 0.5～4.5 时，两个算法的收敛速度的比较结果. 图 2.6(b)给出了当 $c_1=1$ 固定，c_2 取 0.5～6 时，两个算法的收敛速度的比较结果. 每个 c_1 和 c_2 对应的值是 30 次运行得到的结果的平均值. 显然，算法 B的收敛速度小于算法 A 的收敛速度，这说明算法 B 消耗更少的计算代价且更快地达到蜂拥状态. 其中，在图 2.6(a)中，当 c_1 取 1～3.5 时，算法 B 的收敛速度几乎没有变化，而算法 A 的收敛速度越来越慢. 在图 2.6(b)中，c_2 取 3～6 时，算法 B的收敛速度几乎没有变化，这说明本章提出的算法对于 c_1 和 c_2 的鲁棒性更好. 所以在每个连通子网络中选择度最大的节点作为牵制节点，比选择随机节点作为牵制节点更有效.

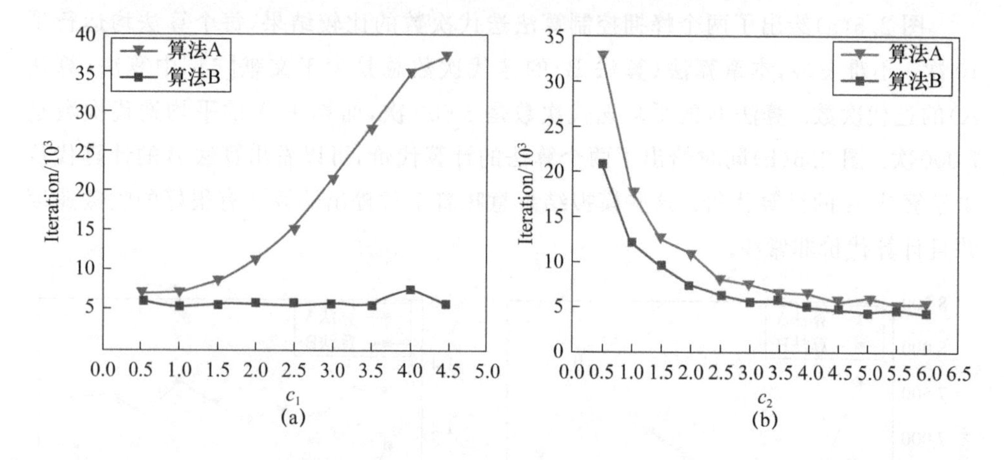

图 2.6　牵制度最大的节点和牵制随机节点的两个算法比较结果

2.5.4　变速领导者的蜂拥控制算法数值模拟

本小节给出了具有变速虚拟领导者的多智能体系统动态牵制蜂拥控制算法的数值模拟结果. 设 30 个智能体在控制输入〔式(2.12)〕的影响下在二维平面上运动. 30 个智能体的初始位置和初始速度分别由区间[0,25]×[0,25]和[−1,1]×[−1,1]随机生成. 我们将虚拟领导者的初始位置和初始速度分别设置为 $q_0(0)=[10,10]^{\mathrm{T}}$ 和 $p_0=[2,0]^{\mathrm{T}}$,将虚拟领导者的加速度设置为 $f(q_0,p_0)=\cos(q_0)$,其他参数设置与 2.5.1 小节相同.

图 2.7 给出了 30 个智能体组成的多智能体网络跟随变速虚拟领导者时的初始拓扑结构、拓扑结构的演化过程和最终拓扑结构. 其中,实心圆点表示牵制节点的位置,空心圆点表示非牵制节点的位置,星星表示虚拟领导者的位置,直线表示智能体之间的邻域关系. 图 2.7(f)中的箭头表示智能体的速度方向及大小. 图 2.7(a)显示了 30 个智能体的初始网络,通过该图我们可以看出初始网络有很高的不连通性. 图 2.7(a)中的子网络 17 和子网络 26 在图 2.7(b)中构成了新的子网络 13. 图 2.7(b)中的子网络 13 和子网络 14 在图 2.7(c)中构成了新的子网络 17. 在图 2.4(d)中出现了第二类非牵制节点 8,9 和 21,重新选择智能体 9 和智能体 21(孤立点)作为新的牵制节点. 随着拓扑结构的演化,最大子网络的规模会越来越大,并且子网络的个数会越来越少,如图 2.7(b)至图 2.7(e)所示. 最终,所有的智能体都会连通且速度达到一致并且与虚拟领导者的速度一样,如图 2.7(f)所示.

图 2.8(a)给出了 30 个智能体中的 3 个智能体和虚拟领导者的运动轨迹. 从图中我们可以清楚地看出所有智能体之间保持着期望距离并且所有智能体都以与虚拟领导者相同的速度移动. 图 2.8(b)给出了算法前 50 s 内的牵制节点个数,牵

制节点个数随着时间的增长而减少. 但是在某些时刻会出现牵制节点个数增加的情况,这是因为在智能体网络拓扑演化的过程中出现了新的第二类非牵制节点,为了能够把第二类非牵制节点转换成第一类非牵制节点,需要重新选择牵制节点,这会导致牵制节点个数增加. 在多智能体系统渐进蜂拥的过程中,所有智能体逐渐调整它们的位置以与周围的智能体保持期望距离并且渐渐将它们的速度调整至与虚拟领导者一样. 图 2.8(c)和图 2.8(d)分别显示了所有牵制节点的平均位置与虚拟领导者位置的误差和所有智能体的平均速度与虚拟领导者速度的误差,位置误差和速度误差的定义如式(2.15)所示. 从这两个图中我们可以看出,很显然 e_q 和 e_p 逐渐变成零,这说明所有牵制节点的平均位置和虚拟领导者的位置一样,所有智能体的速度与虚拟领导者的速度一样,变速领导者的蜂拥控制算法数值模拟得到的模拟结果与定理 2.2 得到的第一和第二部分理论结果一致. 因此,本章提出的动态牵制蜂拥控制算法是有效的.

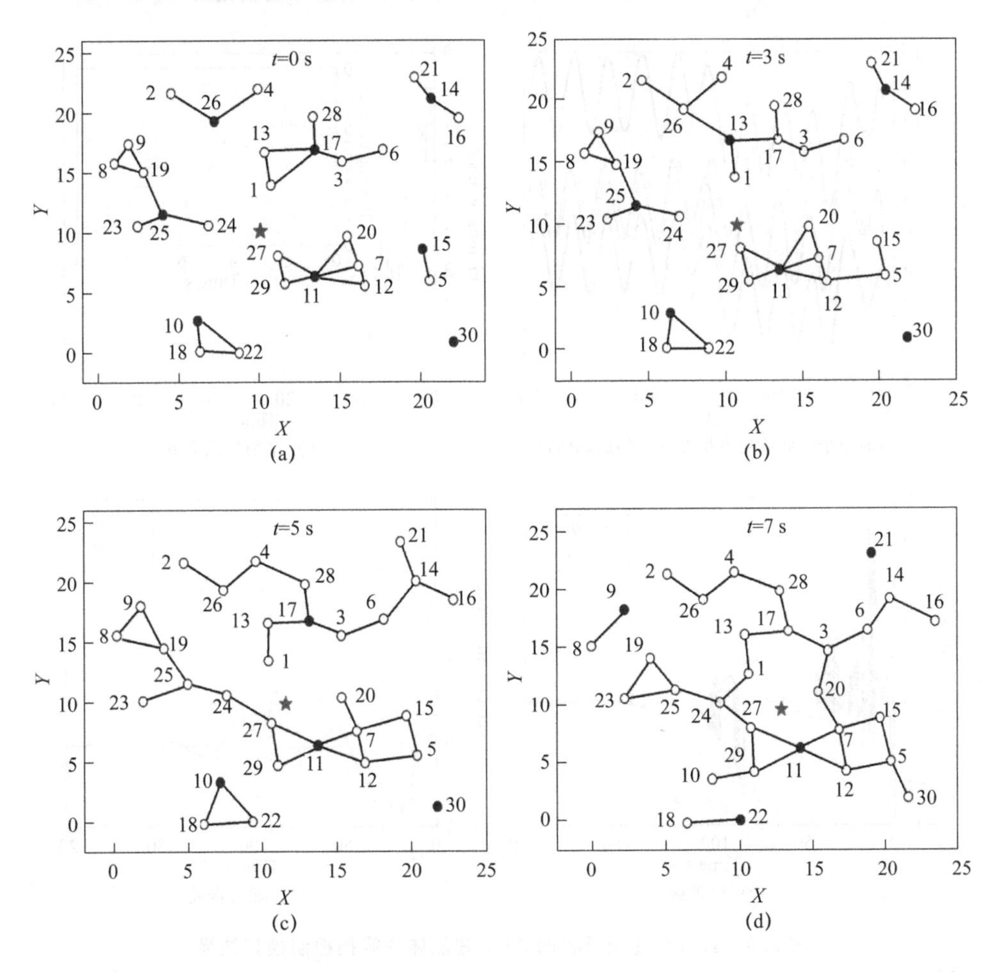

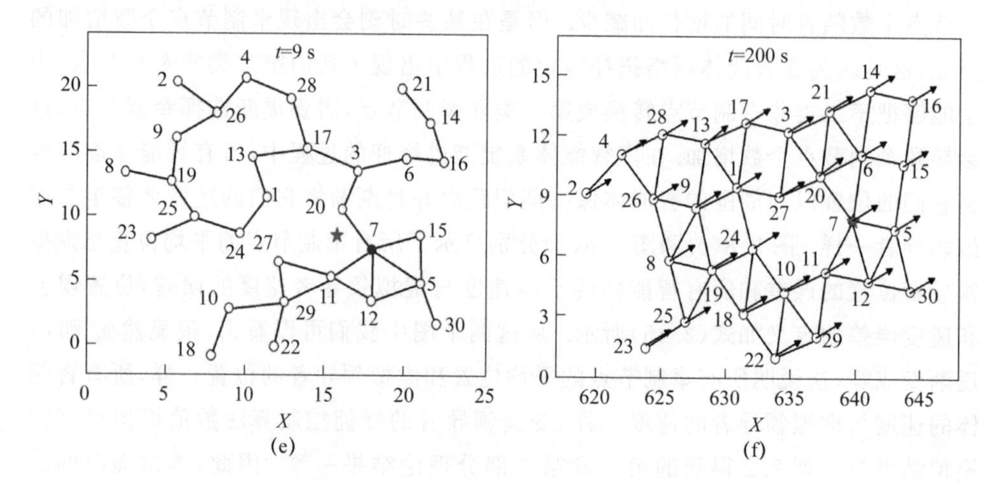

图 2.7　具有变速领导者的 30 个智能体网络拓扑结构演化图

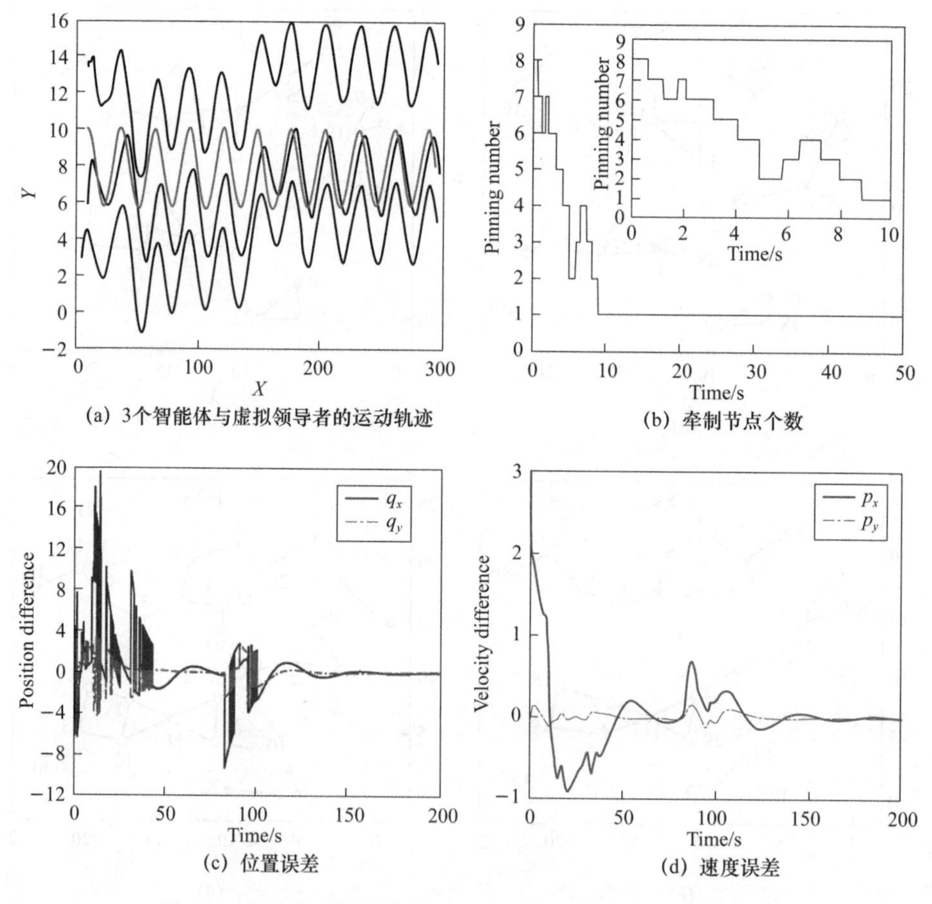

图 2.8　具有变速领导者的 30 个智能体的蜂拥控制模拟结果

本章小结

本章提出了一种新的动态牵制蜂拥控制算法，在不需要假设网络连通或保持网络连通的情况下实现多智能系统的蜂拥控制. 在动态牵制蜂拥控制算法中，每个拓扑切换时刻，把整个网络划分成若干个连通子网络，再从每个连通子网络中选择度最大的节点作为牵制节点. 此时，在任何时候每个智能体都可以直接或间接地得到虚拟领导者的反馈信息，从而使整个多智能体系统达到蜂拥. 此外，本章还讨论了动态牵制蜂拥控制算法的收敛速度和计算代价，并且与文献[64]中的算法进行了比较. 同时比较了在动态牵制蜂拥控制算法中选择牵制度最大的节点和牵制随机节点这两种情况的收敛速度，得到牵制度最大的节点能更快速地达到蜂拥控制且其反馈系数有更好的鲁棒性. 最后，将具有常速领导者的蜂拥控制算法扩展到变速领导者，模拟结果进一步证实了算法的有效性.

第 3 章 一般二阶模型的多智能体系统蜂拥控制算法

第 2 章考虑了智能体具有简单二阶模型的多智能体系统蜂拥控制算法. 由于智能体模型的简单性,目前针对该系统的蜂拥控制算法研究已有很多成果. 但是在实际应用中不可能把所有系统都用简单二阶模型表示,因此,有必要把简单模型推广为更一般的模型,而对于一般二阶模型的多智能体系统蜂拥控制算法研究并不是很多[79-80]. 故本章进一步扩展了第 2 章的蜂拥控制算法,使其能够解决智能体具有更一般的二阶模型的多智能体系统蜂拥控制问题. 本章依然考虑具有切换拓扑结构的多智能体网络,假设多智能体网络有一个虚拟领导者且有一部分智能体能够收到虚拟领导者的反馈信息. 为了解决网络不连通的问题,依然采用第 2 章的动态牵制策略以实现整个智能体网络的连通. 基于 LaSalle 不变原理,本章提出的具有一般二阶模型的多智能体系统动态牵制蜂拥控制算法,能够保证所有智能体的速度都一致并且与虚拟领导者的速度一样,牵制节点的平均位置与虚拟领导者的位置一样,智能体之间不会发生碰撞,并且所有智能体的局部势能达到最小化. 此外,动态牵制蜂拥控制算法被扩展到在蜂拥过程中遇到障碍物的情况. 为了能更光滑地绕过障碍物,本书引入了一种新的虚拟智能体叫作 β_2-智能体,使其对 α-智能体产生一个切向排斥力. 因此,在本章具有障碍物的蜂拥控制算法中有两种 β-智能体,两种 β-智能体产生的排斥力方向是垂直的. 最后,给出了一些数值模拟结果,分别证实了没有障碍物和有障碍物的多智能体系统动态牵制蜂拥控制算法的有效性.

3.1 问题阐述

考虑 n 个智能体在 m 维欧氏空间上移动. 每个智能体的运动方程表示为

$$\begin{bmatrix} \dot{q}_i \\ \dot{p}_i \end{bmatrix} = (\boldsymbol{X} \otimes \boldsymbol{I}_m) \begin{bmatrix} q_i \\ p_i \end{bmatrix} + (\boldsymbol{Y} \otimes \boldsymbol{I}_m) u_i, \quad i=1,2,\cdots,n, \tag{3.1}$$

其中，$q_i\in\mathbf{R}^m$ 是智能体 i 的位置向量，$p_i\in\mathbf{R}^m$ 是智能体 i 的速度向量，$u_i\in\mathbf{R}^m$ 是智能体 i 的控制输入向量，$\boldsymbol{X}$ 和 $\boldsymbol{Y}$ 是二阶常量矩阵，$\boldsymbol{I}_m$ 是 m 阶单位矩阵，$\otimes$表示 Kronecker 积，且

$$\boldsymbol{X}=\begin{bmatrix}\xi_{11} & \xi_{12}\\ \xi_{21} & \xi_{22}\end{bmatrix},\quad \boldsymbol{Y}=\begin{bmatrix}\zeta_1\\ \zeta_2\end{bmatrix}.$$

假设 3.1 对于每个智能体，$(\boldsymbol{X},\boldsymbol{Y})$是可控的.

对于每个智能体 i，$i=1,2,\cdots,n$，$(\boldsymbol{X},\boldsymbol{Y})$可控的充分必要条件是由 $\boldsymbol{X}$ 和 $\boldsymbol{Y}$ 组成的可控性判别矩阵

$$\boldsymbol{C}=(\boldsymbol{Y},\boldsymbol{XY},\boldsymbol{X}^2\boldsymbol{Y},\cdots,\boldsymbol{X}^{2m-1}\boldsymbol{Y}) \tag{3.2}$$

必须满秩，即 $\mathrm{rank}(\boldsymbol{C})=2m$. 这就是保持系统可控的卡尔曼秩判据[123].

将虚拟领导者的下标标记为 0，它的运动方程表示为

$$\begin{bmatrix}\dot{q}_0\\ \dot{p}_0\end{bmatrix}=(\boldsymbol{X}\otimes\boldsymbol{I}_m)\begin{bmatrix}q_0\\ p_0\end{bmatrix}+(\boldsymbol{Y}\otimes\boldsymbol{I}_m)u_0, \tag{3.3}$$

其中，$q_0\in\mathbf{R}^m$ 是虚拟领导者的位置向量，$p_0\in\mathbf{R}^m$ 是虚拟领导者的速度向量，$u_0\in\mathbf{R}^m$ 是虚拟领导者的控制输入向量.

为了使虚拟领导者以常速运动，它的控制输入 u_0 定义为

$$u_0=(-\xi_{21}q_0-\xi_{22}p_0)/\zeta_2. \tag{3.4}$$

3.2 没有障碍物的蜂拥控制算法

由于智能体的感应半径是有限的，故当两个智能体之间的距离超过感应半径的时候，它们之间的连边会断开，有可能整个多智能体网络会不连通. 本章依然采用第 2 章的动态牵制策略达到多智能体系统蜂拥控制目标. 动态牵制策略的具体步骤是每次拓扑结构发生变化的时候，把整个智能体分为若干个连通子网络，再从每个子网络中选择度最大的智能体作为牵制节点(能收到虚拟领导者的反馈信息). 此时，每个智能体在每一个时刻都能直接或者间接地收到虚拟领导者的位置和速度信息，从而在既不用对每个节点都进行牵制控制，也不需要整个智能体网络时刻连通的情况下，达到对多智能体系统蜂拥控制的目的，如图 2.1 所示. 关于本章所采用的动态牵制策略在第 2 章中有详细的介绍. 下面给出本章针对具有一般二阶模型的多智能体系统蜂拥控制算法.

控制的目的是使多智能体系统能够达到蜂拥状态. 每个智能体 i 的控制输入

定义如下：

$$u_i=(w_i+v_i)/\zeta_2,\quad i=1,2,\cdots,n,\tag{3.5}$$

其中，第一项 w_i 为智能体 i 的状态反馈项，第二项 v_i 为智能体 i 的协作控制项. 设计控制输入的原则为所有智能体的速度达到一致且与虚拟领导者的速度保持一致，同时智能体之间不会发生碰撞. 为了达到该目的，第一项 w_i 可以考虑如下形式：

$$w_i=-\xi_{21}q_i-\xi_{22}p_i,\tag{3.6}$$

第二项 v_i 可以考虑如下形式：

$$\begin{aligned}v_i=&\sum_{j\in N_i(t)}\nabla_{q_i}\psi_\alpha(\|q_i-q_j\|_\sigma)-\sum_{j\in N_i(t)}a_{ij}(t)(p_i-p_j)-\\&h_i(t)[c_1(q_i-q_0)+c_2(p_i-p_0)],\end{aligned}\tag{3.7}$$

其中 $c_1,c_2>0$. 第 1 章中给出了势函数 $\psi_\alpha(z)$ 的具体表达式和邻接矩阵 $\mathbf{A}(t)=(a_{ij}(t))_{n\times n}$. 如果在时刻 t 第 i 个智能体是牵制节点，则 $h_i(t)=1$，否则 $h_i(t)=0$.

令 $\tilde{q}_i=q_i-q_0$ 和 $\tilde{p}_i=p_i-p_0$ 分别表示每个智能体 i 与虚拟领导者之间的位置差与速度差. 把式(3.5)代入式(3.1)中并结合位置差 $\tilde{q}_i$ 和速度差 $\tilde{p}_i$，将所有智能体的动力学方程改写为

$$\begin{cases}\dot{\tilde{q}}_i=\left(\xi_{11}-\dfrac{\zeta_1}{\zeta_2}\xi_{21}\right)\tilde{q}_i+\left(\xi_{12}-\dfrac{\zeta_1}{\zeta_2}\xi_{22}\right)\tilde{p}_i+\dfrac{\zeta_1}{\zeta_2}v_i,\\ \dot{\tilde{p}}_i=v_i,\quad i=1,2,\cdots,n.\end{cases}\tag{3.8}$$

为了达到多智能体系统蜂拥控制的目的，必须满足下面的假设.

假设 3.2 在每个智能体的动力学方程中，矩阵$(\boldsymbol{X},\boldsymbol{Y})$满足以下条件：

$$\xi_{11}-\frac{\zeta_1}{\zeta_2}\xi_{21}=0.\tag{3.9}$$

基于假设 3.2，动力学方程〔式(3.8)〕可以改写为以下形式：

$$\begin{cases}\dot{\tilde{q}}_i=\mu_1\tilde{p}_i+\mu_2v_i,\\ \dot{\tilde{p}}_i=v_i,\end{cases}\tag{3.10}$$

其中，$\mu_1=\xi_{11}-\dfrac{\zeta_1}{\zeta_2}\xi_{21}$，$\mu_2=\dfrac{\zeta_1}{\zeta_2}$.

当式(3.10)中的 $\mu_1=1,\mu_2=0$ 时，本章讨论的多智能体系统就变成第 2 章讨论的简单二阶系统，即第 2 章中的多智能体系统是本章中一般二阶系统的特殊情况.

在本章中，牵制节点是随着多智能体网络拓扑结构的变化而变化的，而在文献

[79-80]中的牵制节点是不变的. 本章所提出的具有一般二阶线性模型的多智能体系统动态牵制蜂拥控制算法的步骤如下：

(1) 初始化所有参数和每个智能体的位置 $q_i(0)$、速度 $p_i(0)$, $i=0,1,2,\cdots,n$，并设初始时间 $t=0$.

(2) 在每个拓扑切换时刻，把整个智能体网络分成 $l(t)$ 个连通子网络.

(3) 从每个连通子网络中选择度最大的节点作为牵制节点.

(4) 在每个牵制节点和虚拟领导者之间加一个虚拟连接，即牵制节点能够收到虚拟领导者的反馈信息.

(5) 在每个 t 时刻，用式(3.5)更新所有智能体的位置和速度向量.

(6) 如果所有智能体的速度变成一致且与虚拟领导者的速度一样或者达到最大的迭代次数，算法终止，否则设 $t=t+\Delta t$ 且进行(7).

(7) 搜索整个网络，在时刻 t，一个智能体的邻域关系发生变化包括如下几种情形：①如果有第二类非牵制节点出现或者一些在 $t-\Delta t$ 时刻断开的子网络在 t 时刻构成了新的子网络，则回到(2)；②如果以上两种情况都没有出现，则回到(3)；③如果 t 时刻的拓扑结构与 $t-\Delta t$ 时刻的拓扑结构一样，则回到(5).

3.3 算法的稳定性分析

本章采用矩阵论和代数图论[115-120,122]分析算法的稳定性. 为了给出本章蜂拥控制算法在控制输入〔式(3.5)〕下的稳定性分析，定义系统的总能量函数如下：

$$
\begin{aligned}
Q(t)= & \frac{1}{2}\sum_{i=1}^{n}\left[U_i+\mu_1(p_i-p_0)^{\mathrm{T}}(p_i-p_0)\right]+ \\
& \frac{\mu_2}{2}\Big(\sum_{i=1}^{n}h_i(t)c_2(p_i-p_0)^{\mathrm{T}}(p_i-p_0)+ \\
& \sum_{i=1}^{n}\sum_{j\in N_i(t)}a_{ij}(t)(p_i-p_0)(p_i-p_j)\Big),
\end{aligned}
\tag{3.11}
$$

其中，

$$
U_i=\sum_{j=1,j\neq i}^{n}\psi_\alpha(\|q_{ij}\|_\sigma)+h_i(t)c_1(q_i-q_0)^{\mathrm{T}}(q_i-q_0),
\tag{3.12}
$$

并且得到以下结论.

定理 3.1 如果假设 3.1 和假设 3.2 成立，考虑包含 n 个智能体的系统，每个智能体的运动方程由式(3.1)给出，并且用式(3.5)控制每个智能体. 假设系统的

初始能量 $Q_0 = Q(t_0)$ 为有限的，并且 ξ_{12}，ξ_{22}，ζ_1 和 ζ_2 取合适的值使得 $\mu_1 > 0$，$\mu_2 \geqslant 0$，则可以得到以下几个结论：

(1) 所有智能体的速度达到一致，并且与虚拟领导者的速度一样；

(2) 所有牵制节点的平均位置与虚拟领导者的位置一样；

(3) 所有智能体的局部势能达到最小化；

(4) 所有智能体之间不会发生碰撞.

证明：(1) $t_1, t_2, \cdots$ 表示一系列拓扑切换时刻，并且在每两个连续的拓扑切换时刻 $[t_y, t_{y+1})$，$y = 0, 1, \cdots$ 内，网络 $G(t)$ 的拓扑结构是不变的. 由于拓扑结构的切换性，总能量函数 $Q(t)$ 在拓扑切换时刻是不连续的，但是在每个 $[t_y, t_{y+1})$，$y = 0, 1, \cdots$ 内是可微的.

设 $\tilde{q}_i = q_i - q_0$，$\tilde{p}_i = p_i - p_0$，$q_{ij} = q_i - q_j$ 且 $\tilde{q}_{ij} = \tilde{q}_i - \tilde{q}_j$. 因此，每个智能体 i 的控制输入〔式(3.7)〕可以改写为

$$v_i = -\sum_{j \in N_i(t)} \nabla_{\tilde{q}_i} \psi_\alpha(\|\tilde{q}_{ij}\|_\sigma) - \sum_{j \in N_i(t)} a_{ij}(t)(\tilde{p}_i - \tilde{p}_j) - h_i(t)[c_1 \tilde{q}_i + c_2 \tilde{p}_i], \tag{3.13}$$

且非负定函数〔式(3.11)〕可以改写为

$$Q(t) = \frac{1}{2} \sum_{i=1}^{n} (U_i + \mu_1 \tilde{p}_i^{\mathrm{T}} \tilde{p}_i) + \frac{\mu_2}{2} \Big(\sum_{i=1}^{n} h_i(t) c_2 \tilde{p}_i^{\mathrm{T}} \tilde{p}_i + \sum_{i=1}^{n} \sum_{j \in N_i(t)} a_{ij}(t) \tilde{p}_i^{\mathrm{T}} (\tilde{p}_i - \tilde{p}_j) \Big), \tag{3.14}$$

其中，

$$U_i = \sum_{j=1, j \neq i}^{n} \psi_\alpha(\|\tilde{q}_{ij}\|_\sigma) + h_i(t) c_1 \tilde{q}_i^{\mathrm{T}} \tilde{q}_i. \tag{3.15}$$

显然，$Q(t)$ 是正半定的函数，其中，$\tilde{p} = \mathrm{col}(\tilde{p}_1, \tilde{p}_2, \cdots, \tilde{p}_n) \in \mathbf{R}^{mn}$，$\tilde{q} = \mathrm{col}(\tilde{q}_1, \tilde{q}_2, \cdots, \tilde{q}_n) \in \mathbf{R}^{mn}$.

对总能量函数 $Q(t)$ 求关于时间 t 的导数，可以得到

$$\begin{aligned} \dot{Q}(t) = & \sum_{i=1}^{n} \Big[\sum_{j \in N_i(t)} \nabla_{\tilde{q}_i} \psi_\alpha(\|\tilde{q}_{ij}\|_\sigma) + h_i(t) c_1 \tilde{q}_i \Big]^{\mathrm{T}} \dot{\tilde{q}}_i + \\ & \sum_{i=1}^{n} \Big[\mu_1 \tilde{p}_i + \mu_2 h_i(t) c_2 \tilde{p}_i + \mu_2 \sum_{j \in N_i(t)} a_{ij}(t)(\tilde{p}_i - \tilde{p}_j) \Big]^{\mathrm{T}} \dot{\tilde{p}}_i \\ = & -\mu_2 v^{\mathrm{T}} v - \mu_1 \tilde{p}^{\mathrm{T}} [(\boldsymbol{L}(t) + c_2 \boldsymbol{H}(t)) \otimes \boldsymbol{I}_m] \tilde{p}, \end{aligned} \tag{3.16}$$

其中，$v = \mathrm{col}(v_1, v_2, \cdots, v_n) \in \mathbf{R}^{mn}$，$\boldsymbol{L}(t)$ 是多智能体网络 $G(t)$ 对应的 Laplacian 矩

阵，$\boldsymbol{H}(t)=\mathrm{diag}[h_1(t),h_2(t),\cdots,h_n(t)]$. 在式(3.16)中，用到了矩阵 $\boldsymbol{L}(t)$、$\boldsymbol{H}(t)$ 和 $\boldsymbol{L}(t)+c_2\boldsymbol{H}(t)$ 的正半定性. $\dot{Q}(t)\leqslant 0$ 意味着 $Q(t)$ 在 $t\in[t_y,t_{y+1})$，$y=0,1,2,\cdots$ 内是一个非增函数.

t_y^- 和 t_y 分别表示划分多智能体网络之前和之后的时刻，在某些时候，t_y^- 时刻的总能量函数 $Q(t_y^-)$ 可能与 t_y 时刻的总能量函数 $Q(t_y)$ 不同. 总能量函数不连续主要是在拓扑切换时刻牵制节点变化造成的，而牵制节点发生变化是因为有第二类非牵制节点出现，或者一些在 $t-\Delta t$ 时刻断开的子网络在 t 时刻构成了新的子网络. 牵制节点的变化会导致总能量函数〔式(3.11)〕在某些拓扑切换时刻发生增长，如图 3.1 所示. 但是，在每个区间 $t\in[t_y,t_{y+1})$，$y=0,1,2,\cdots$ 内，总能量函数 $Q(t)$ 会随时间递减，这说明所有智能体逐渐调整它们的位置以与周围智能体保持期望距离并且渐渐将它们的速度调整至与虚拟领导者一样，这会减少第二类非牵制节点的出现，并且能量函数差 $\Delta Q=Q(t_y)-Q(t_y^-)$ 会逐渐减小. 经过有限时间 T_0 以后，每个连通子网络的规模会越来越大，且不会再出现第二类非牵制节点.

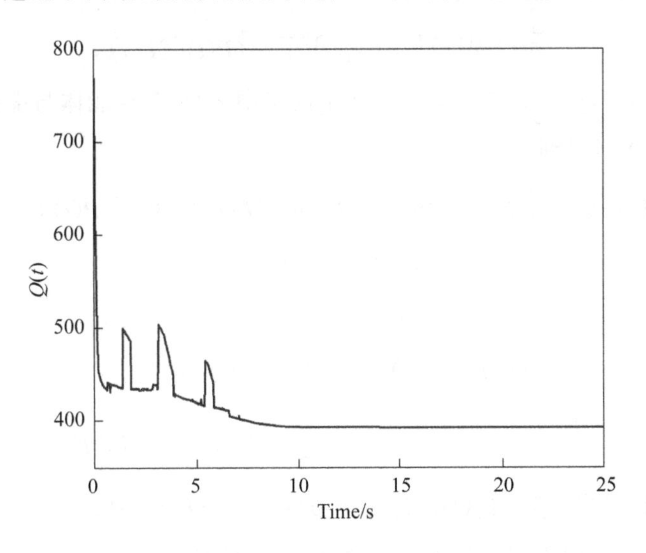

图 3.1 能量函数示意图

下面考虑当 $t>T_0$ 时算法的收敛性. 对于任意 $c>0$，$\Omega=\{[\tilde{q}^{\mathrm{T}},\tilde{p}^{\mathrm{T}}]^{\mathrm{T}}\in\mathbf{R}^{2mn}\mid Q(\tilde{q},\tilde{p})\leqslant c\}$ 表示总能量函数 Q 的水平集. 已知 Ω 是不变集，根据式(3.14)可以得到 $\tilde{p}_i^{\mathrm{T}}\tilde{p}_i\leqslant 2c$，$i=1,2,\cdots,n$. 因此，$\|\tilde{p}_i\|$ 是有限的. 根据本书的动态牵制策略，在任何时刻，每个智能体与虚拟领导者都有直接或间接的联系，可以得到 $\|\tilde{q}_i\|$，$i=1,2,\cdots,n$ 是有限的，故 Ω 是紧集，从而可以得到 Ω 是不变紧集. 根据 LaSalle 不变原理[120]，

从 Ω 开始的所有智能体的轨迹将会收敛到它的最大不变子集

$$S=\{[\tilde{q}^{\mathrm{T}},\tilde{p}^{\mathrm{T}}]^{\mathrm{T}}\in\mathbf{R}^{2mn}\mid\dot{Q}=0\}.$$

根据 $\boldsymbol{L}(t)\otimes\boldsymbol{I}_m$ 和 $\boldsymbol{H}(t)\otimes\boldsymbol{I}_m$ 是正半定矩阵，从式(3.16)可以得到，当且仅当 $-\tilde{p}^{\mathrm{T}}(\boldsymbol{L}(t)\otimes\boldsymbol{I}_m)\tilde{p}=0$ 和 $-\tilde{p}^{\mathrm{T}}(\boldsymbol{H}(t)\otimes\boldsymbol{I}_m)\tilde{p}=0$ 时，$\dot{Q}(t)=0$.

假设 $G(t)$ 有 $l(t)$ 个连通子网络，并且每个子网络有 $\rho_k(t),k=1,2,\cdots,l(t)$ 个智能体. 对于任何 $t\geqslant0$ 时刻，总存在正交转换矩阵 $\boldsymbol{P}(t)\in\mathbf{R}^{n\times n}$ 使得 $\boldsymbol{L}(t)$ 可以转换成分块对角矩阵的形式

$$\breve{\boldsymbol{L}}(t)=\boldsymbol{P}(t)\boldsymbol{L}(t)\boldsymbol{P}(t)^{\mathrm{T}}=\begin{bmatrix}\boldsymbol{L}_1(t) & 0 & 0 & 0\\ 0 & \boldsymbol{L}_2(t) & 0 & 0\\ 0 & 0 & \ddots & 0\\ 0 & 0 & 0 & \boldsymbol{L}_{l(t)}(t)\end{bmatrix},$$

其中，$\boldsymbol{L}_k(t)\in\mathbf{R}^{\rho_k(t)\times\rho_k(t)},k=1,2,\cdots,l(t)$ 是第 k 个连通子网络对应的 Laplacian 矩阵. 状态向量的下标可以重新排列，使得

$$\breve{\tilde{p}}=[\tilde{p}^{1\mathrm{T}},\tilde{p}^{2\mathrm{T}},\cdots,\tilde{p}^{l(t)\mathrm{T}}]^{\mathrm{T}}=(\boldsymbol{P}(t)\otimes\boldsymbol{I}_m)\tilde{p},$$

其中，$\tilde{p}^k=[\tilde{p}_1^k,\cdots,\tilde{p}_{\rho_k(t)}^k]^{\mathrm{T}}$ 是第 k 个连通子网络中 $\rho_k(t)$ 个智能体与虚拟领导者的速度差. 进一步可以得到

$$\begin{aligned}\breve{\tilde{p}}^{\mathrm{T}}(\breve{\boldsymbol{L}}(t)\otimes\boldsymbol{I}_m)\breve{\tilde{p}}&=[(\boldsymbol{P}(t)\otimes\boldsymbol{I}_m)\tilde{p}]^{\mathrm{T}}(\breve{\boldsymbol{L}}(t)\otimes\boldsymbol{I}_m)[(\boldsymbol{P}(t)\otimes\boldsymbol{I}_m)\tilde{p}]\\&=\tilde{p}^{\mathrm{T}}(\boldsymbol{L}(t)\otimes\boldsymbol{I}_m)\tilde{p}.\end{aligned}$$

因此，

$$\begin{aligned}-\tilde{p}^{\mathrm{T}}(\boldsymbol{L}(t)\otimes\boldsymbol{I}_m)\tilde{p}&=-\breve{\tilde{p}}^{\mathrm{T}}(\breve{\boldsymbol{L}}(t)\otimes\boldsymbol{I}_m)\breve{\tilde{p}}\\&=-\sum_{k=1}^{l(t)}\tilde{p}^{k\mathrm{T}}(\boldsymbol{L}_k(t)\otimes\boldsymbol{I}_m)\tilde{p}^k.\end{aligned}$$

显然，当且仅当 $-\tilde{p}^{k\mathrm{T}}(\boldsymbol{L}_k(t)\otimes\boldsymbol{I}_m)\tilde{p}^k=0$ 时，$-\tilde{p}^{\mathrm{T}}(\boldsymbol{L}(t)\otimes\boldsymbol{I}_m)\tilde{p}=0,1\leqslant k\leqslant l(t)$. 所以对于所有连通子网络，$-\tilde{p}^{k\mathrm{T}}(\boldsymbol{L}_k(t)\otimes\boldsymbol{I}_m)\tilde{p}^k=0$ 等价于 $\tilde{p}_1^k=\cdots=\tilde{p}_{\rho_k(t)}^k$，这说明每个连通子网络 $G_k(t),1\leqslant k\leqslant l(t)$ 中所有智能体与虚拟领导者的速度差都是相同的. 类似地，我们可以得到

$$-\tilde{p}^{\mathrm{T}}(\boldsymbol{H}(t)\otimes\boldsymbol{I}_m)\tilde{p}=-\sum_{k=1}^{l(t)}\tilde{p}^{k\mathrm{T}}(\boldsymbol{H}_k(t)\otimes\boldsymbol{I}_m)\tilde{p}^k,$$

其中，$\boldsymbol{H}_k(t)\in\mathbf{R}^{\rho_k(t)\times\rho_k(t)}$ 是第 k 个连通子网络对应的对角矩阵. 对于每个连通子网络，如果在时刻 t 第 $i,1\leqslant i\leqslant\rho_k(t)$ 个智能体是牵制节点，则 $\boldsymbol{H}_k(t)$ 的第 i 个对角元

素是 1,否则 $\boldsymbol{H}_k(t)$ 的第 i 个对角元素是 0.

显然,当且仅当 $-\tilde{p}^{k\mathrm{T}}(\boldsymbol{H}_k(t)\otimes\boldsymbol{I}_m)\tilde{p}^k=0,1\leqslant k\leqslant l(t)$ 时,$-\tilde{p}^{\mathrm{T}}(\boldsymbol{H}(t)\otimes\boldsymbol{I}_m)\tilde{p}=0$. 这说明所有牵制节点的速度与虚拟领导者的速度一样.

根据本书提出的动态牵制算法,从每个连通子网络中选择度最大的节点作为牵制节点,所以每个连通子网络中恰好有一个牵制节点. 为不失一般性,我们假设每个连通子网络中的第一个智能体为牵制节点,可以得到 $\tilde{p}_1^k=0,1\leqslant k\leqslant l(t)$. 对于每个连通子网络,有 $\tilde{p}_i^k=0,1\leqslant i\leqslant \rho_k(t)$,这表示所有智能体都以与虚拟领导者相同的速度运动,即 $p_1=p_2=\cdots=p_n=p_0$. 定理的第一部分证完.

定理其余部分的证明与定理 2.1 的证明相同,在此省略.

特别地,如果把虚拟领导者的控制输入和每个智能体控制输入的第一部分 w_i 分别取为如下形式:

$$u_0=-\xi_{21}q_0/\zeta_2, \tag{3.17}$$

和

$$w_i=-\xi_{21}q_i, \tag{3.18}$$

则每个智能体的控制输入变为

$$u_i=(-\xi_{21}q_i+v_i)/\zeta_2,\quad i=1,2,\cdots,n, \tag{3.19}$$

其中,v_i 由式(3.7)给出,把控制输入〔式(3.19)〕代入式(3.1)中可以得到

$$\begin{cases}\dot{q}_i=(\xi_{11}-\dfrac{\zeta_1}{\zeta_2}\xi_{21})q_i+\xi_{12}p_i+\dfrac{\zeta_1}{\zeta_2}v_i,\\ \dot{p}_i=\xi_{22}p_i+v_i,\quad i=1,2,\cdots,n.\end{cases} \tag{3.20}$$

在满足假设 3.2 的情况下,如果多智能体系统达到蜂拥控制,即所有智能体之间达到期望距离,则所有智能体的速度一致且与虚拟领导者速度一样,控制输入〔式(3.19)〕的第二部分 $v_i=0$. 此时,由式(3.20)可以得到,当 $\xi_{22}\leqslant 0$ 时,多智能体系统在控制输入〔式(3.19)〕的影响下收敛. 即当 $\xi_{22}<0$ 时,所有智能体的最终速度都等于零;当 $\xi_{22}=0$ 时,所有智能体最终均以常速运动;当 $\xi_{22}>0$ 时,多智能体系统不收敛.

3.4 具有复杂障碍物的蜂拥控制算法

本节考虑了具有复杂障碍物的动态牵制蜂拥控制算法,即多智能体系统在蜂

拥控制过程中遇到复杂障碍物的情况. 在这里主要考虑了多智能体系统绕过圆形障碍物和穿过复杂通道两种情形,其中复杂通道为图 3.2 所示的具有复杂几何特征的地理环境,其中白色区域是智能体可以通过的空间,其他区域是障碍物,如楼房、墙体等. 由于本章具有复杂障碍物的算法是基于文献[23]中的第三个算法得到的,所以在这里简单地介绍一下在文中出现的一些概念. 多智能体网络中实际存在的智能体称为 α-智能体,而障碍物的影响用另一种虚拟智能体表示,该智能体称为 β-智能体. β-智能体可以通过在障碍物表面映射 α-智能体的位置得到,目的是使 α-智能体不会与障碍物发生碰撞. β-智能体在障碍物边缘随着 α-智能体移动. 当 α-智能体感知到障碍物的时候,可以根据自己的位置在障碍物表面得到一个与自己对应的 β-智能体,然后 α-智能体和 β-智能体之间会产生排斥力,从而使 α-智能体能够有效避免与障碍物发生碰撞. 为了使 α-智能体在遇到障碍物的时候能更光滑地绕过障碍物,本章提出的具有障碍物的动态牵制蜂拥控制算法在上述概念的基础上引入了另一种虚拟智能体,该虚拟智能体不在障碍物表面并且能给 α-智能体一个切向的排斥力. 因此,在本章算法中有两种不同的 β-智能体,为了避免发生混淆,在障碍物表面的虚拟智能体称为 β_1-智能体,而不在障碍物表面的虚拟智能体称为 β_2-智能体,如图 3.3(a)所示.

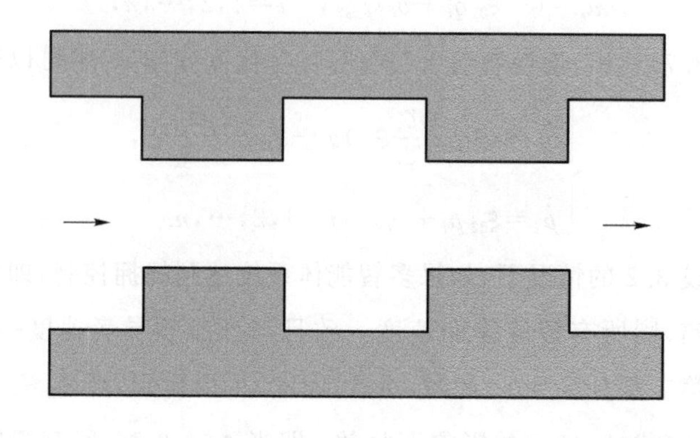

图 3.2　复杂场景几何特征

β_2-智能体依然是虚拟智能体,它用于对 α-智能体产生一个切向排斥力,排斥力的方向与 β_1-智能体的速度方向一致,且 α-智能体会沿 β_1-智能体的速度方向从障碍物的一侧绕过. 由 β_1-智能体产生的排斥力称为法向排斥力,而由 β_2-智能体产生的排斥力称为切向排斥力,这两种排斥力是垂直的. 因此,α-智能体与障碍物之间的排斥力是这两种排斥力的总和,如图 3.3(a)所示. 从图 3.3(b)中我们可以看出,由于增加了切向排斥力，故 α-智能体新的速度方向与原速度方向之间的夹角 θ_1 总是小于在没有切向力时的 α-智能体新的速度方向与原速度方向之间的夹角 θ_2. 这说明本章算法中的智能体能更光滑地绕过障碍物，并且不会与障碍物发生碰撞. 每个智能体的控制输入分为 3 个部分，它们分别是每个 α-智能体与它周围智能体之间的作用力，β_1-智能体与 α-智能体之间的排斥力，β_2-智能体与 α-智能体之间的排斥力.

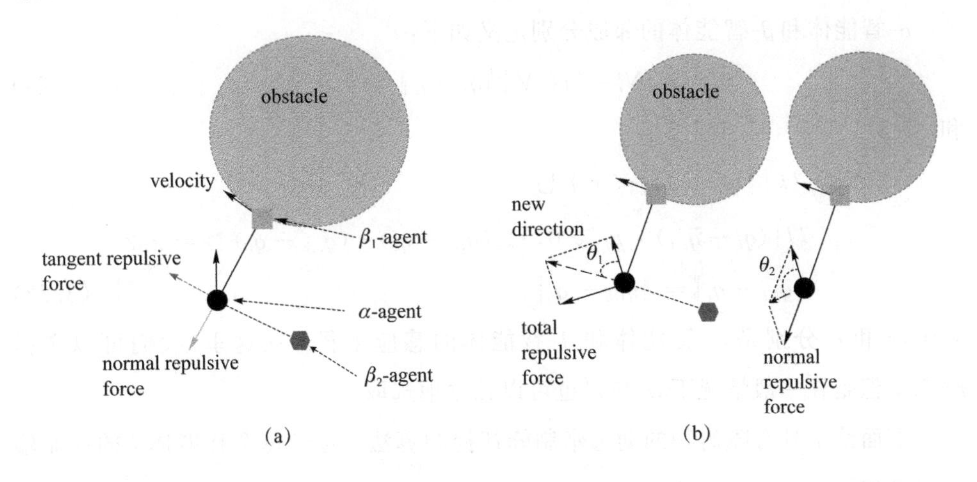

图 3.3 α-智能体、β_1-智能体、β_2-智能体、法向排斥力、切向排斥力的示意图

本章提出的有障碍物蜂拥控制算法可以总结为如下几个步骤.

(1) 首先得到 β_1-智能体在障碍物 O_k 边缘上的位置 $q_{i,k}$ 和速度 $p_{i,k}$，计算 β_1-智能体位置和速度的方法在第 1 章中有详细介绍.

(2) 根据 β_1-智能体的位置和速度确定 β_2-智能体的位置 $\bar{q}_{i,l}$，β_2-智能体的位置满足

$$(q_i-\bar{q}_{i,l})\cdot p_i\geqslant 0,\quad <(\bar{q}_{i,l}-q_i)\cdot(q_{i,k}-q_i)>=\pi/2 \text{ 和 } \|\bar{q}_{i,l}-q_i\|=\|q_{i,k}-q_i\|,$$

其中 $<\cdot>$ 表示两个向量的夹角.

(3) 增加两个对 α-智能体的排斥力 $\psi_\beta(\|q_{i,k}-q_i\|_\sigma)$ 和 $\psi_\beta(\|\bar{q}_{i,l}-q_i\|_\sigma)$，其中，$\psi_\beta(\cdot)$ 是 α-智能体与 β-智能体之间的势函数，具体表达式由第 1 章中的式(1.19)给出.

在(2)中，$(q_i-\bar{q}_{i,l})\cdot p_i\geqslant 0$ 表示向量 $q_i-\bar{q}_{i,l}$ 和速度向量 p_i 的夹角总是锐角，$<(\bar{q}_{i,l}-q_i)\cdot(q_{i,k}-q_i)>=\pi/2$ 表示向量 $\bar{q}_{i,l}-q_i$ 垂直于向量 $q_{i,k}-q_i$，$\|\bar{q}_{i,l}-q_i\|=\|q_{i,k}-q_i\|$ 表示从 β_1-智能体到 α-智能体的距离等于 β_2-智能体到 α-智

能体的距离，这意味着 β_1-智能体和 β_2-智能体产生的排斥力大小相等.

在文献[23]中，当 α-智能体感应到障碍物的时候不是立刻对障碍物产生排斥作用，而是当障碍物和 α-智能体的距离小于某个临界值时才产生作用. 在本章提出的具有障碍物的蜂拥控制算法中对人工势函数〔式(1.19)〕做了一点改动，当 α-智能体感应到障碍物时马上在 α-智能体和 β_1-智能体之间产生排斥力，即设 $d_\beta = r_\beta$.

α-智能体和 β-智能体的邻域分别定义如下：

$$N_i^\alpha = \{j \in V \mid \|q_j - q_i\| < r\}, \tag{3.21}$$

和

$$\begin{aligned} N_i^\beta = & \{k \mid \|q_{i,k} - q_i\| < r'\} \cup \\ & \{l \mid (q_i - \bar{q}_{i,l}) \cdot p_i \geqslant 0, < (\bar{q}_{i,l} - q_i) \cdot (q_{i,k} - q_i) > = \pi/2, \\ & \|\bar{q}_{i,l} - q_i\| = \|q_{i,k} - q_i\|\}, \end{aligned} \tag{3.22}$$

其中，r 和 r' 分别是 α-智能体和 β-智能体的感应半径. 在这里，我们可以选择 $r' < r$，但是在一般情况下，r 和 r' 也可以独立地选取.

下面给出具有障碍物的动态牵制蜂拥控制算法. 对于每个智能体 i 的控制输入定义如下：

$$u_i = (w_i + v_i)/\zeta_2, \quad i = 1, 2, \cdots, n, \tag{3.23}$$

其中，第一项 w_i 为智能体 i 的状态反馈项，第二项 v_i 为智能体 i 的协作控制项. 设计控制输入的目的是使所有智能体的速度达到一致且智能体之间不会发生碰撞. 为了达到该目的，第一项 w_i 可以考虑如下形式：

$$w_i = -\xi_{21} q_i - \xi_{22} p_i, \tag{3.24}$$

第二项 v_i 可以考虑如下形式：

$$\begin{aligned} v_i = & -\sum_{j \in N_i^\alpha(t)} \nabla_{q_i} \psi_\alpha(\|q_i - q_j\|_\sigma) - \sum_{j \in N_i^\alpha(t)} a_{ij}(t)(p_i - p_j) - \\ & h_i(t)[c_1(q_i - q_0) + c_2(p_i - p_0)] - \\ & \sum_{l \in N_i^\beta(t)} \nabla_{q_i} \psi_\beta(\|q_i - \bar{q}_{i,l}\|_\sigma) - \sum_{k \in N_i^\beta(t)} \nabla_{q_i} \psi_\beta(\|q_i - q_{i,k}\|_\sigma), \end{aligned} \tag{3.25}$$

其中，$c_1, c_2 > 0$，q_0 和 p_0 分别是虚拟领导者的位置和速度向量. 如果智能体 i 是牵制节点，则 $h_i(t) = 1$，否则 $h_i(t) = 0$，$\psi_\beta(z)$ 是第 1 章中定义的势函数. 式(3.25)中的最后两项分别是 β_1-智能体和 β_2-智能体与 α-智能体之间的排斥力.

3.5 数值模拟结果与讨论

3.5.1 没有障碍物的蜂拥控制算法数值模拟

本小节模拟了 30 个智能体在控制输入〔式(3.5)〕的影响下在二维平面上运动的情况. 30 个智能体的初始位置和初始速度分别由区间$[0,25]\times[0,25]$和$[-1,1]\times[-1,1]$随机生成. 每个智能体的感应半径 $r=4$,期望距离 $d=3.3$,$c_1=1$,$c_2=5$,其他参数设置与第 2 章一样. 虚拟领导者的初始位置和初始速度分别设为$q_0(0)=[12,12]^{\mathrm{T}}$ 和 $p_0=[0.5,0.5]^{\mathrm{T}}$,并且虚拟领导者的速度是不变的. 在动力学方程〔式(3.1)〕中矩阵 $\boldsymbol{X}$ 和 $\boldsymbol{Y}$ 设置为

$$\boldsymbol{X}=\begin{bmatrix}2 & 2\\ 2 & -1\end{bmatrix},\quad \boldsymbol{Y}=\begin{bmatrix}1\\ 1\end{bmatrix}.$$

图 3.4 给出了 30 个智能体组成的多智能体网络的初始拓扑结构、拓扑结构的演化过程和最终拓扑结构. 在图 3.4 中,实心圆点表示牵制节点的位置,空心圆点表示非牵制节点的位置,星星表示虚拟领导者的位置,直线表示智能体之间的邻域关系,图 3.4(f)中的箭头表示智能体的速度方向及大小. 图 3.4(a)显示了 30 个智能体的初始网络,通过该图我们可以看出初始网络有很高的不连通性. 随着拓扑结构的演化,最大子网络的规模会越来越大,并且子网络的个数会越来越少,如图 3.4(b)～图 3.4(e)所示. 最终,所有的智能体都会连通且速度达到一致并且与虚拟领导者的速度一样,如图 3.4(f)所示.

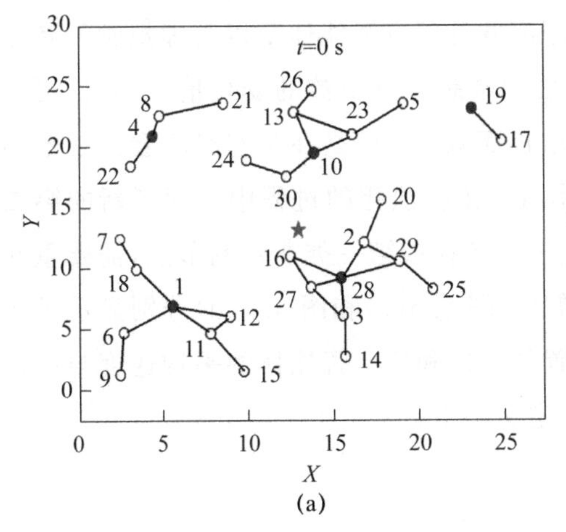

(a)

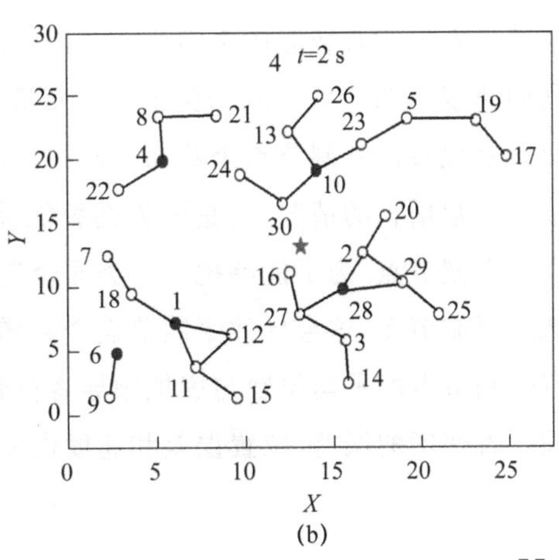

(b)

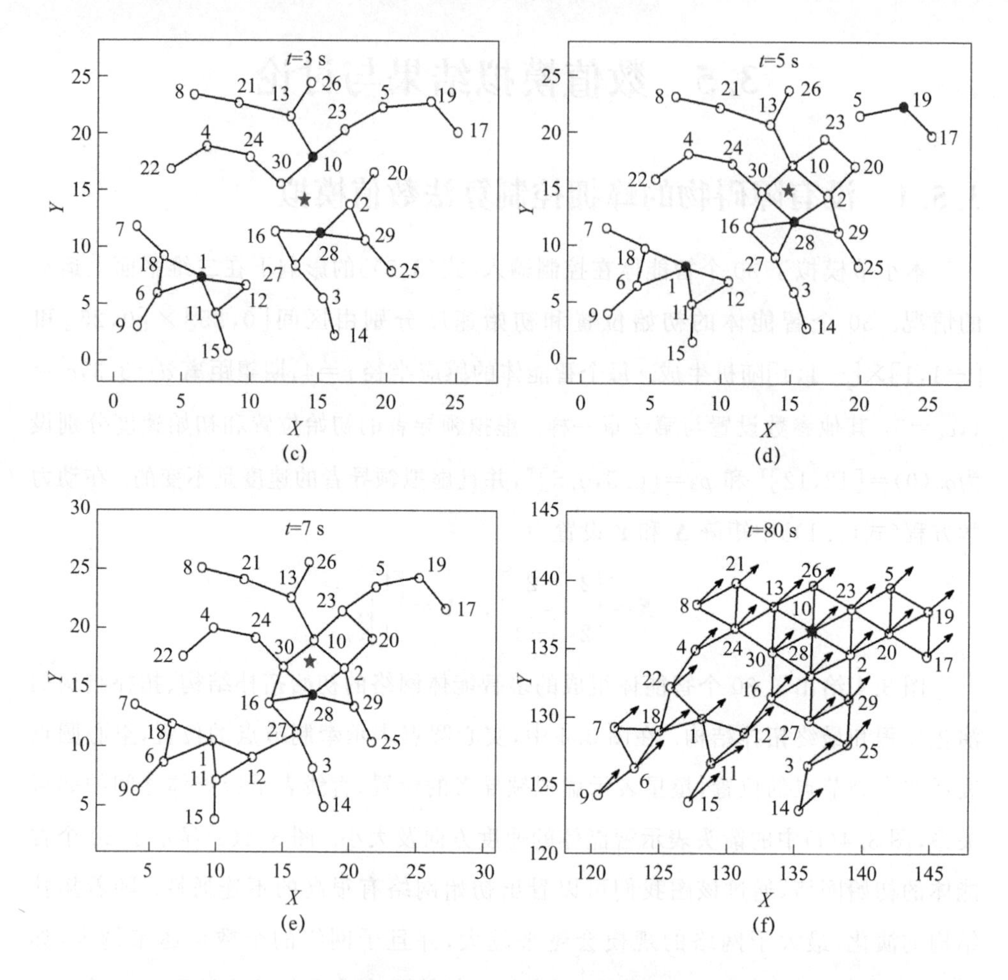

图 3.4　没有障碍物的 30 个智能体网络拓扑结构演化图

图 3.5(a)给出了 30 个智能体和虚拟领导者的运动轨迹. 从该图中我们可以清楚地看出所有智能体之间保持着期望距离并且所有智能体都以与虚拟领导者相同的速度移动. 图 3.5(b)给出了本章算法的牵制节点个数的变化情况,我们可以很容易地看出牵制节点个数随着时间的增长而减少. 但是在某些时刻会出现牵制节点个数增长的情况,这是因为在智能体网络拓扑演化的过程中出现了新的第二类非牵制节点,为了能够把第二类非牵制节点转换成第一类非牵制节点,需要重新选择牵制节点,这会导致牵制节点个数增加. 图 3.5(c)和图 3.5(d)分别显示了所有牵制节点的平均位置与虚拟领导者位置的误差和所有智能体的平均速度与虚拟领导者速度的误差,位置误差和速度误差定义如下:

$$e_q = \frac{1}{l(t)}\sum_{i=1}^{l(t)} q_i - q_0, \quad e_p = \frac{1}{n}\sum_{i=1}^{n} p_i - p_0, \tag{3.26}$$

其中,$l(t)$是牵制节点的个数. 很显然 e_q 和 e_p 逐渐变成零,这说明所有牵制节点的平均位置和虚拟领导者的位置一样,所有智能体的速度与虚拟领导者的速度一样,没有障碍物的蜂拥控制算法数值模拟得到的模拟结果与定理 3.1 得到的理论结果一致.

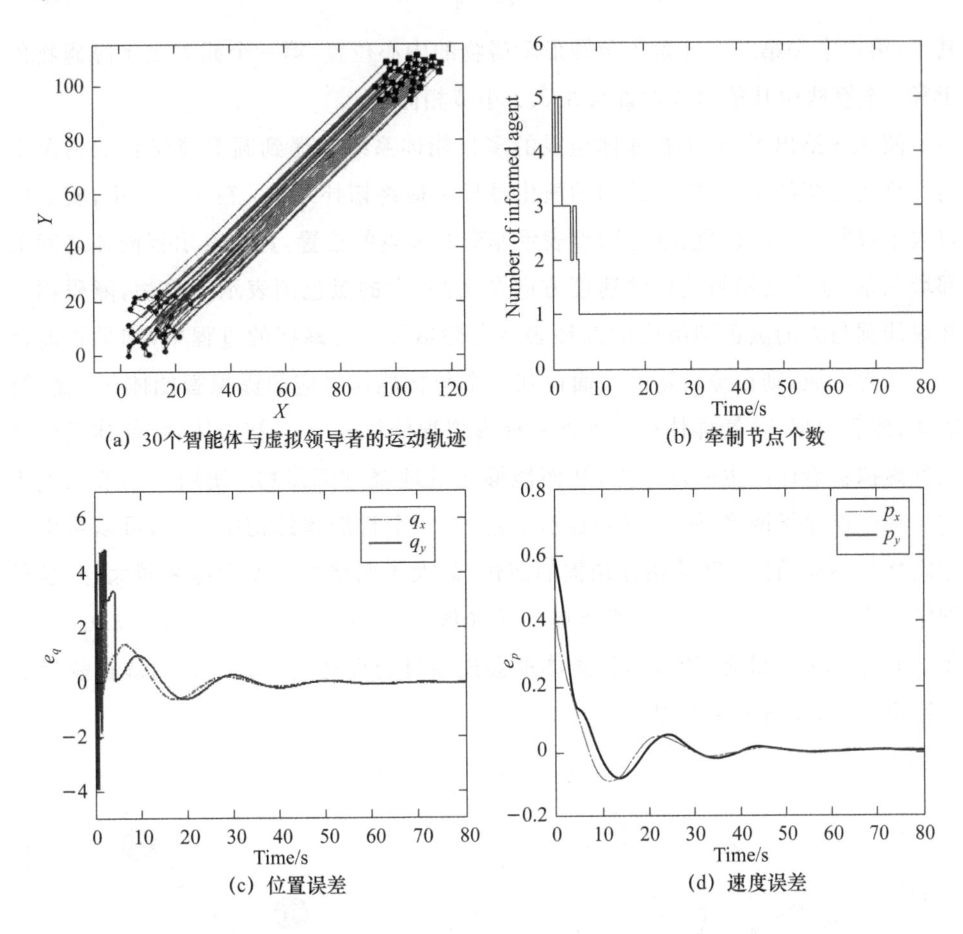

(a) 30个智能体与虚拟领导者的运动轨迹　(b) 牵制节点个数

(c) 位置误差　(d) 速度误差

图 3.5　没有障碍物的 30 个智能体蜂拥控制模拟结果

3.5.2　具有圆形障碍物的蜂拥控制算法数值模拟

本小节通过几个模拟结果验证了绕过圆形障碍物的多智能体系统动态牵制蜂拥控制算法的有效性,共模拟了 30 个智能体在控制输入〔式(3.25)〕的影响下在二维平面上运动的情况. 30 个智能体的初始位置和初始速度分别由区间[0,20]×[0,20]

和$[-1,1]\times[-1,1]$随机生成. 虚拟领导者的初始位置和初始速度分别设为$q_0(0)=[50,50]^{\mathrm{T}}$和$p_0=[0.5,0.4]^{\mathrm{T}}$,并且虚拟领导者的速度是不变的. 每个智能体的感应半径为$r=4$,感应障碍物的半径$r'=3$,$c_1=0.3$,$c_2=12$,障碍物矩阵为

$$\boldsymbol{M}_o=\begin{bmatrix}35 & 25 & 3\\22 & 37 & 2\\38 & 45 & 2\end{bmatrix},$$

其中,第一个和第二个元素表示圆形障碍物的中心位置,第三个元素表示障碍物的半径. 本算法中其他参数设置与3.5.1小节相同.

图3.6给出了30个智能体组成的多智能体系统在遇到圆形障碍物的情况下的网络初始拓扑结构、拓扑结构的演化过程和最终拓扑结构. 在图3.6中,实心圆点表示牵制节点的位置,空心圆点表示非牵制节点的位置,直线表示智能体之间的邻域关系,箭头表示智能体的速度方向及大小,大的黑色圆表示障碍物,障碍物外部虚线圆与大的黑色圆组成的圆环表示危险区域. 在蜂拥的过程中,如果智能体进入危险区域,则在障碍物的表面得到一个与智能体对应的虚拟智能体——β_1-智能体,然后根据β_1-智能体得到另外一种虚拟智能体——β_2-智能体,智能体受到由两种虚拟智能体产生的排斥力,从而能够光滑地绕过障碍物. 使用牵制节点代表它所在的连通子网络,图3.6(a)显示了包含30个智能体的初始网络,可以看出初始网络是不连通的. 随着拓扑结构的演化,最大子网络的规模会越来越大,并且子网络的个数会越来越少且多智能体系统能够顺利地绕过障碍物,如图3.6(b)至图3.6(g)所示. 最终,所有的智能体都会连通且速度达到一致并且与虚拟领导者的速度一样,如图3.6(h)所示.

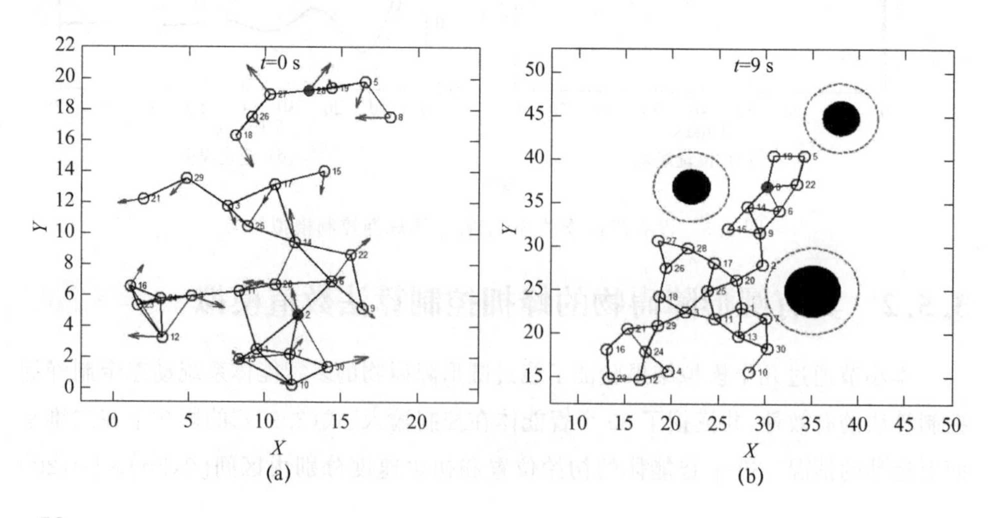

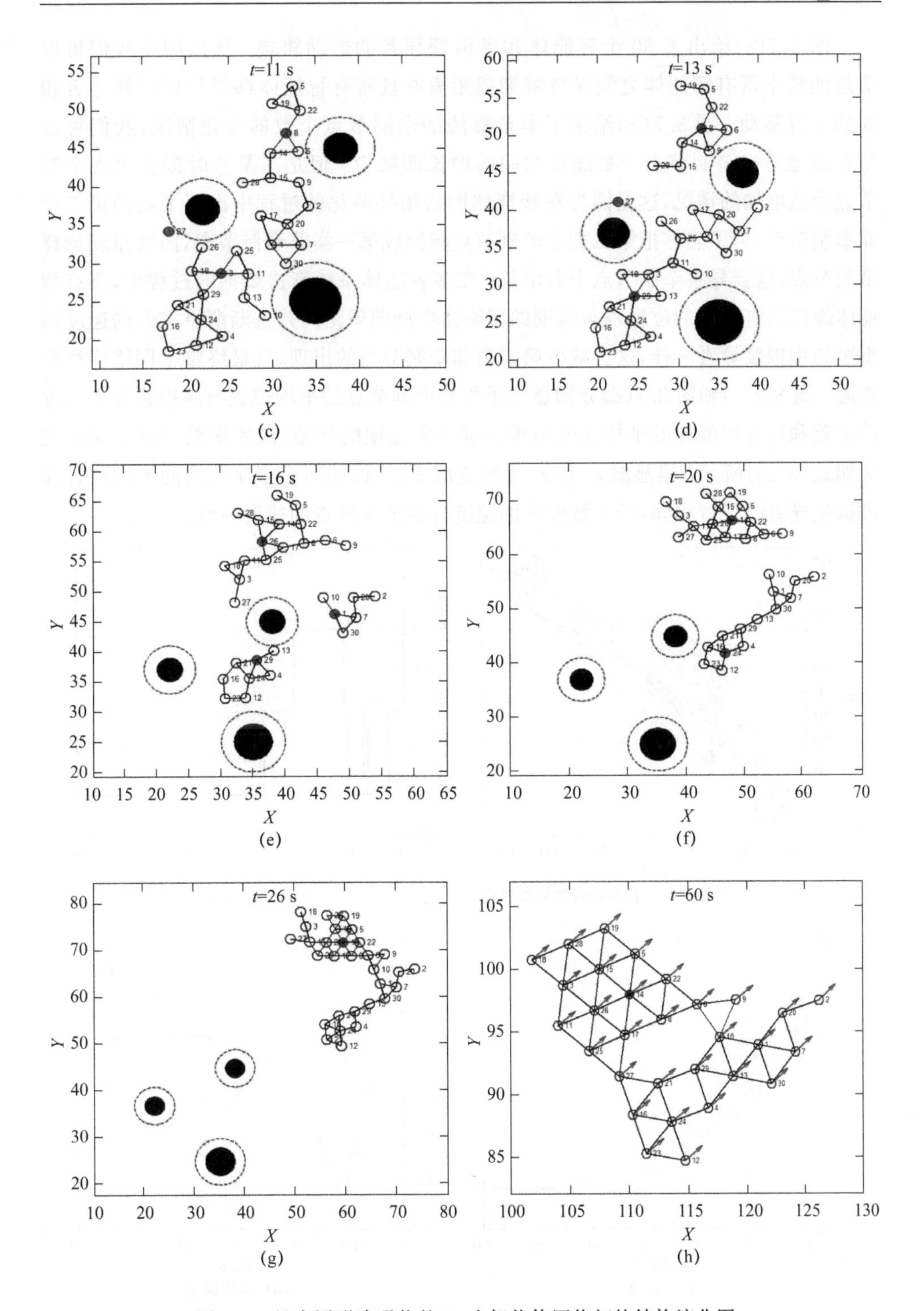

图 3.6 具有圆形障碍物的 30 个智能体网络拓扑结构演化图

图 3.7(a)给出了 30 个智能体和虚拟领导者的运动轨迹. 从该图中我们可以清楚地看出所有智能体之间保持着期望距离并且所有智能体都以与虚拟领导者相同的速度移动. 图 3.7(b)给出了本章算法的牵制节点个数的变化情况,我们可以很容易地看出牵制节点个数随着时间的增长而减少. 但是在某些时刻会出现牵制节点个数增加的情况,这是因为在智能体网络拓扑演化的过程中出现了新的第二类非牵制节点,为了能够把第二类非牵制节点转换成第一类非牵制节点,需要重新选择牵制节点,这会导致牵制节点个数增长. 在多智能体系统渐进蜂拥的过程中,所有智能体逐渐调整它们的位置以与周围的智能体保持期望距离并且渐渐将它们的速度调整至与虚拟领导者一样,这会减少第二类非牵制节点的出现,且最终整个网络将达到连通. 图 3.7(c)和图 3.7(d)分别显示了所有牵制节点的平均位置与虚拟领导者位置的误差和所有智能体的平均速度与虚拟领导者速度的误差,位置误差和速度误差定义如式(3.26)所示. 很显然 e_q 和 e_p 逐渐变成零,这说明所有牵制节点的平均位置和虚拟领导者的位置相同,所有智能体的速度与虚拟领导者的速度一致.

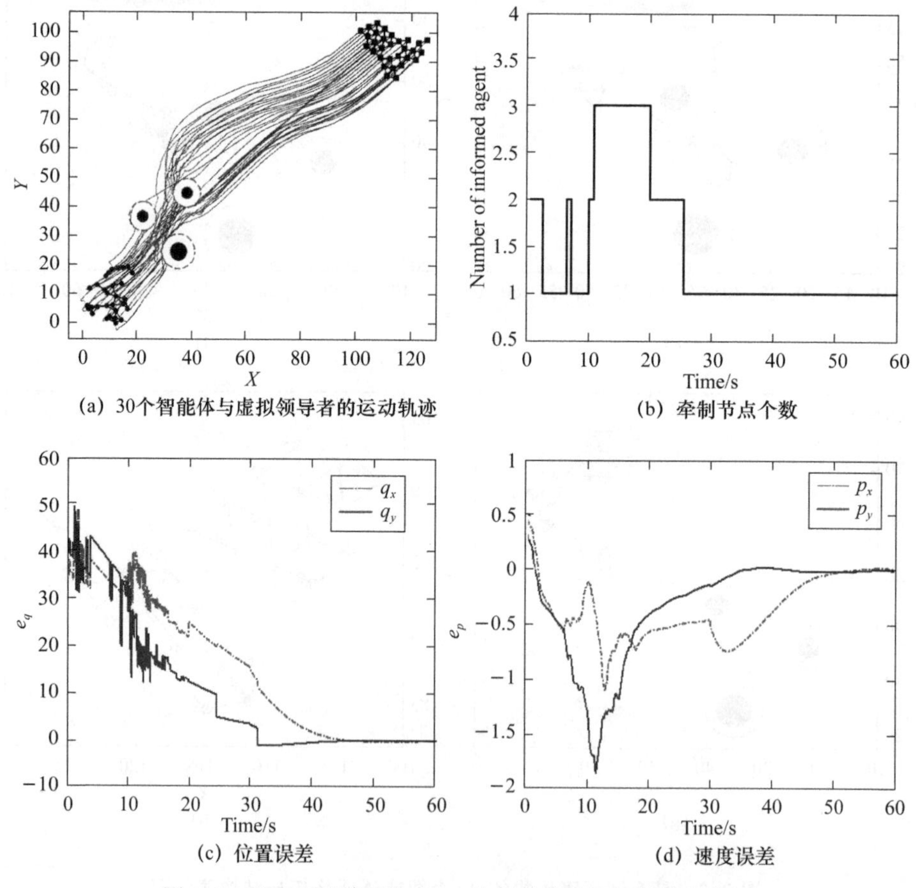

图 3.7　具有圆形障碍物的 30 个智能体蜂拥控制模拟结果

3.5.3 具有复杂障碍物的蜂拥控制算法数值模拟

本小节模拟了30个智能体在控制输入〔式(3.25)〕的影响下在二维平面上运动的情况，从而验证多智能体系统穿过复杂障碍物时的动态牵制蜂拥控制算法的有效性. 30个智能体的初始位置和初始速度分别由区间[0,20]×[0,20]和[-1,1]×[-1,1]随机生成. 每个智能体的感应半径为$r=4$，感应障碍物的半径$r'=2$，$c_1=0.3$，$c_2=6$，虚拟领导者的初始位置和初始速度分别设为$q_0(0)=[160,12]^T$和$p_0=[0.3,0]^T$，并且虚拟领导者的速度是不变的. 其他参数设置与3.5.1小节相同.

本小节考虑了两种不同几何特征的复杂障碍物，如图3.9和图3.12所示，白色区域为智能体可以移动的空间，其他区域为障碍物，障碍物外侧与虚线组成的区域表示危险区域，智能体一旦进入危险区域，将立刻得到与之相对应的虚拟智能体，进而顺利地通过复杂障碍物.

(1) 通过第一种复杂障碍物

图3.8给出了30个智能体组成的多智能体系统在通过第一种复杂障碍物时的多智能体网络的初始拓扑结构、拓扑结构的演化过程和最终拓扑结构. 多智能体需要通过两个不同宽度的过道，第一个过道比较宽，第二个过道相较于第一个比较窄，选择这种具有复杂特征的障碍物的原因是可以验证本章动态牵制蜂拥控制算法在通过非常狭窄的空间时的性能. 在图3.8中，实心圆点表示牵制节点的位置，空心圆点表示非牵制节点的位置，直线表示智能体之间的邻域关系. 在蜂拥控制过程中，如果智能体进入危险区域，则智能体将得到两个对应的虚拟智能体——β_1-智能体和β_2-智能体，从而顺利地通过复杂障碍物. 图3.8(a)显示了包含30个智能体的初始网络，可以看出初始网络是不连通的. 图3.8(b)中的多智能体系统在遇到障碍物的第一个狭窄过道时，将整个网络分成了若干个连通子网络，但是在3.8(c)中，为了能够顺利地通过狭窄的过道，整个网络变成了两个新的子网络. 在图3.8(d)中，由于拓扑结构发生了变化，故整个智能体网络重新连通并且顺利地通过了第一个狭窄空间. 在图3.8(e)中，多智能体系统要通过第二个更狭窄的过道，此时，整个多智能体网络依然是连通的，但是在图3.8(f)中，为了能够顺利地通过狭窄的过道，多智能体网络变成了2个子网络. 随着拓扑结构的演化，在图3.8(g)中，多智能体网络变成了3个子网络. 最终，所有的智能体都会连通且顺利通过复杂的障碍物，如图3.8(h)所示.

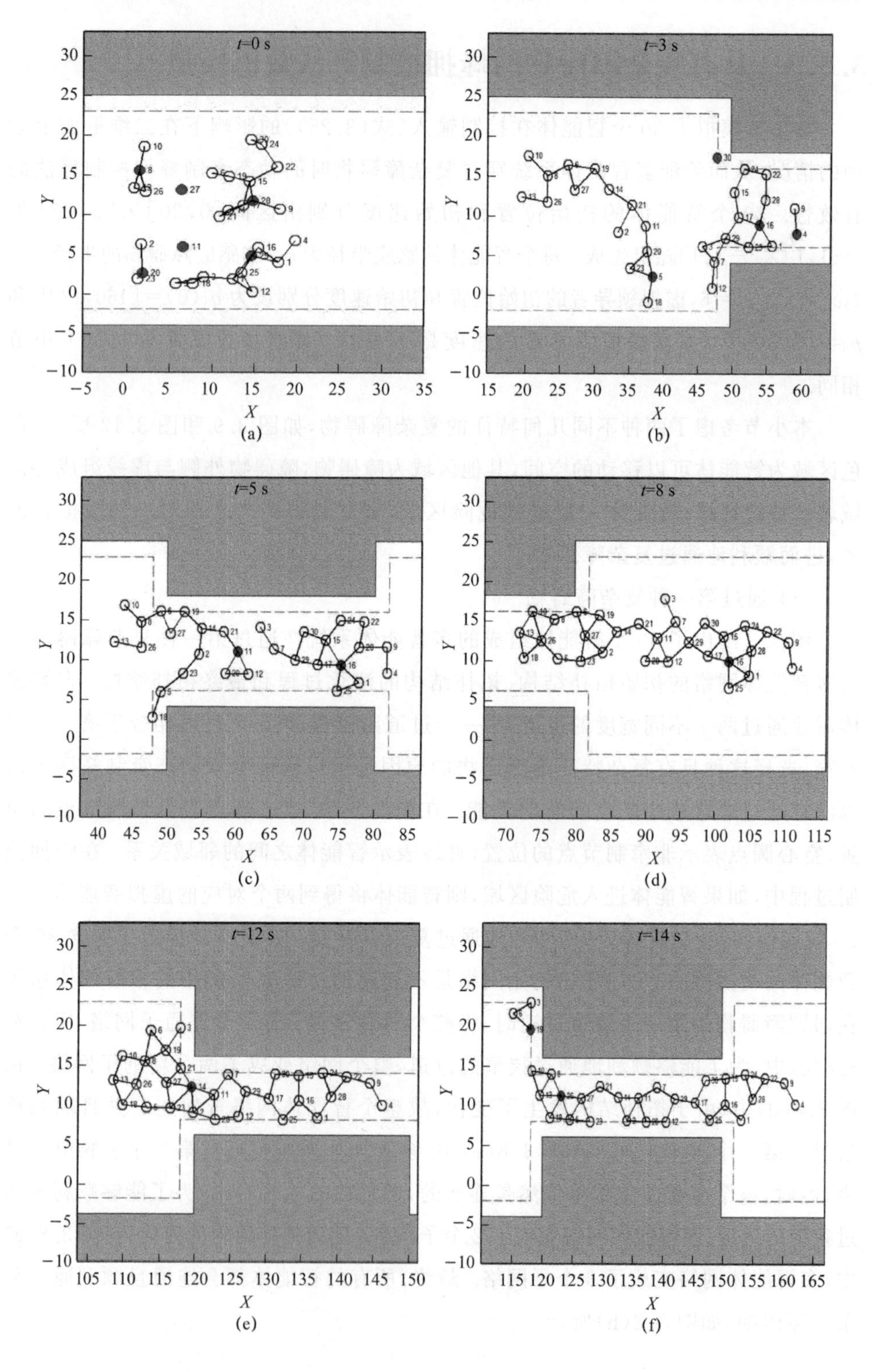

(a) (b)

(c) (d)

(e) (f)

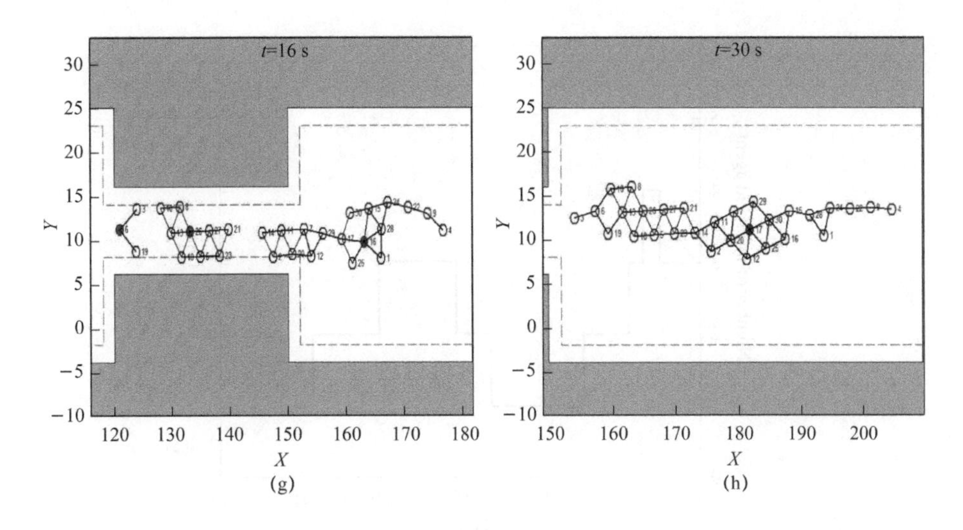

图 3.8　通过第一种复杂障碍物时 30 个智能体的拓扑结构演化图

图 3.9 显示了 30 个智能体在通过第一种复杂障碍物时的运动轨迹，从该图中我们可以清楚地看出所有智能体都顺利地通过了障碍物且没有与障碍物发生碰撞. 图 3.10 给出了本章算法的牵制节点个数的变化情况，我们可以很容易地看出牵制节点个数随着时间的增长而减少. 但是在某些时刻会出现牵制节点个数增加的情况，这是因为在智能体网络拓扑演化过程中出现了新的第二类非牵制节点，这会导致牵制节点个数增长. 但是最终牵制节点个数变成 1，这说明整个智能体网络是连通的.

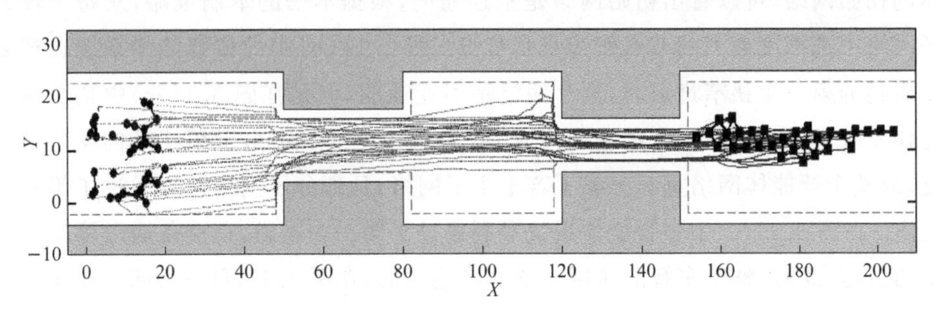

图 3.9　通过第一种复杂障碍物时 30 个智能体的运动轨迹

(2) 通过第二种复杂障碍物

图 3.11 给出了 30 个智能体组成的多智能体系统在通过第二种复杂障碍物时的多智能体网络的初始拓扑结构、拓扑结构的演化过程和最终拓扑结构. 在遇到第二种障碍物的时候多智能体需要通过一条蛇形的过道，这种障碍物的几何特征相比第一种障碍物要更复杂一点. 第二种障碍物有两个相同宽度的过道，但是两个狭窄过道分别位于障碍物的两侧，选择这种复杂障碍物的原因是可以验证本章

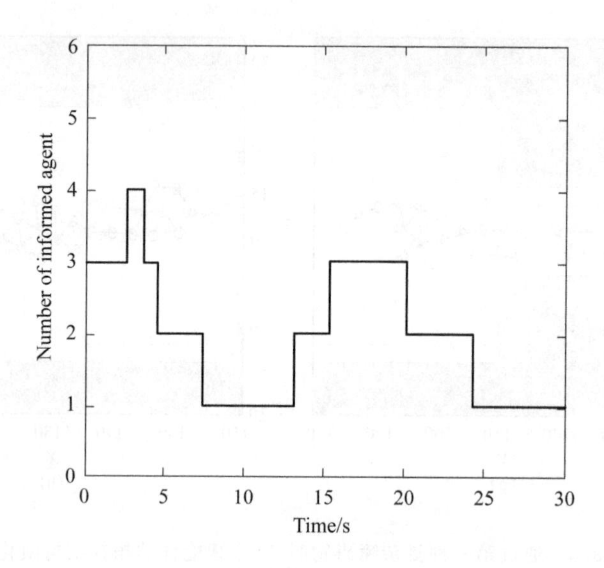

图 3.10　通过第一种复杂障碍物时牵制节点个数变化

动态牵制蜂拥控制算法在通过复杂障碍物时的性能. 如果智能体进入危险区域，则在障碍物的表面得到一个与智能体对应的虚拟智能体——β_1-智能体，然后根据β_1-智能体得到另外一种虚拟智能体——β_2-智能体，智能体受到由两种虚拟智能体产生的排斥力，从而能够顺利地通过复杂障碍物. 图 3.11(a)显示了 30 个智能体的初始网络，可以看出初始网络是不连通的，根据本书的牵制策略，从每个连通子网络中选择度最大的节点作为牵制节点. 图 3.11(b)中的多智能体系统在遇到障碍物的第一个狭窄过道时，整个网络是不连通的，但是在图 3.11(c)中整个多智能体系统进入过道时整个网络是连通的. 在图 3.11(d)中由于拓扑结构发生了变化，故整个智能体网络重新分成了若干个子网络，且部分子网络已经通过了第一个过道. 在图 3.11(e)中多智能体系统顺利通过了第一个过道，正准备通过第二个狭窄的过道，此时，整个多智能体网络依然是连通的，在图 3.11(f)中大部分智能体已经进入了第二个过道且网络是连通的. 在图 3.11(g)中，为了能够顺利地通过狭窄的过道，多智能体网络变成了 2 个子网络. 最终，所有的智能体都会连通且顺利通过复杂的障碍物，如图 3.11(h)所示.

图 3.12 显示了 30 个智能体在通过第二种复杂障碍物时的运动轨迹，其中右侧加粗直线表示虚拟领导者的运动轨迹. 从该图中我们可以清楚地看出所有智能体都顺利地通过了障碍物且没有与障碍物发生碰撞. 本章提出的动态牵制蜂拥控制算法可以顺利地通过第二种障碍物，这说明本章提出的蜂拥控制算法有更好的鲁棒性. 图 3.13 给出了算法的牵制节点个数的变化情况，我们可以很容易地看出牵制节点个

数随着时间的增长而减少. 但是在某些时刻会出现牵制节点个数增加的情况,这是因为在智能体网络拓扑演化的过程中出现了新的第二类非牵制节点,为了能够把第二类非牵制节点转换成第一类非牵制节点,需要重新选择牵制节点,这会导致牵制节点个数增加. 但是最终牵制节点个数变成 1,这说明整个智能体网络是连通的.

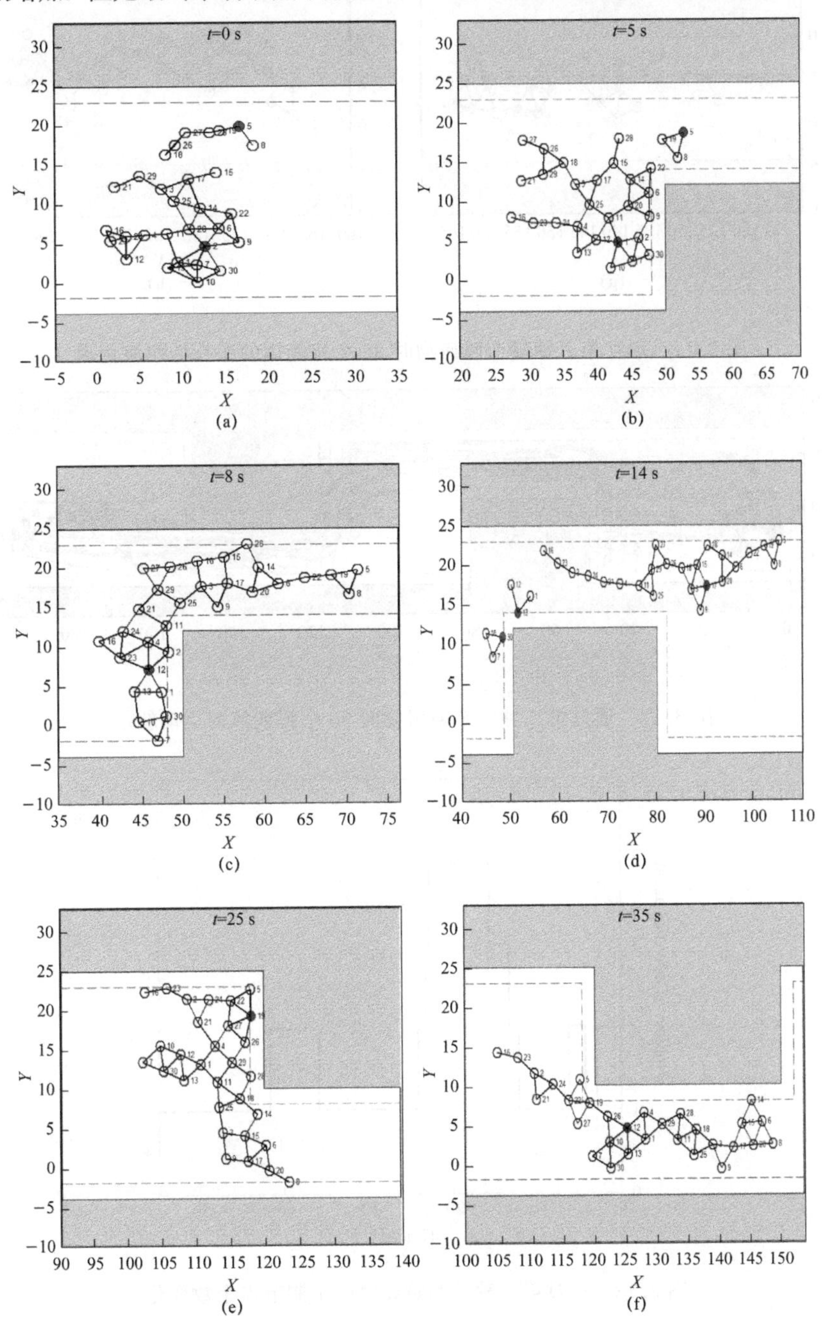

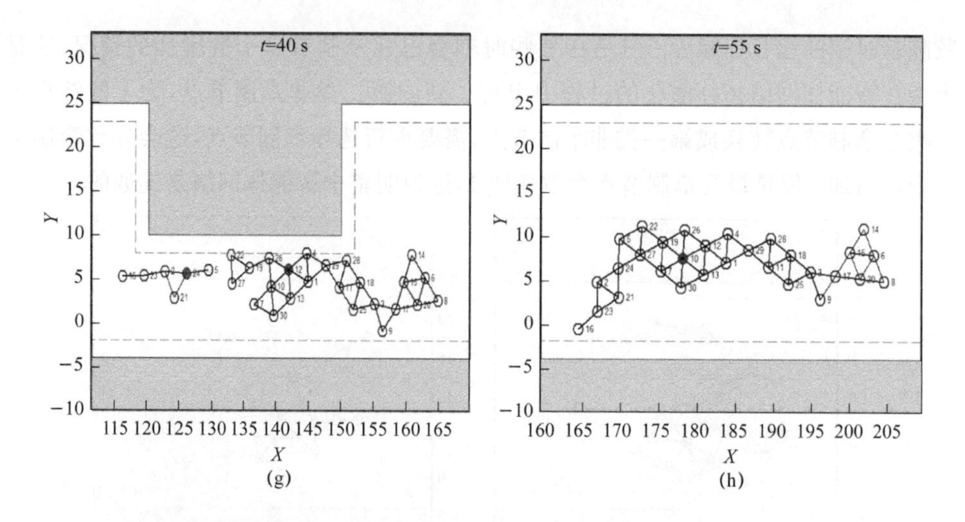

图 3.11　通过第二种复杂障碍物时 30 个智能体的拓扑结构演化图

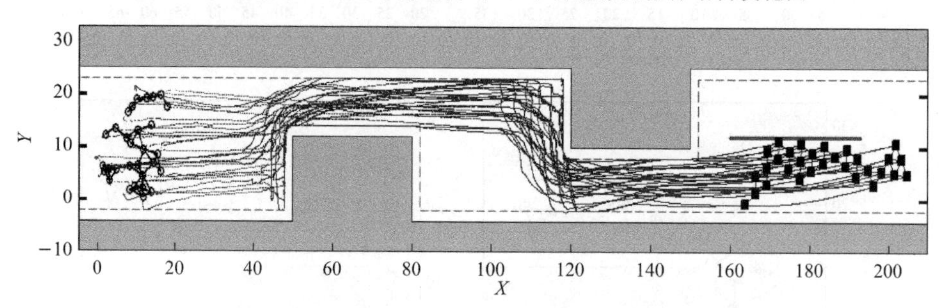

图 3.12　通过第二种复杂障碍物时 30 个智能体的运动轨迹

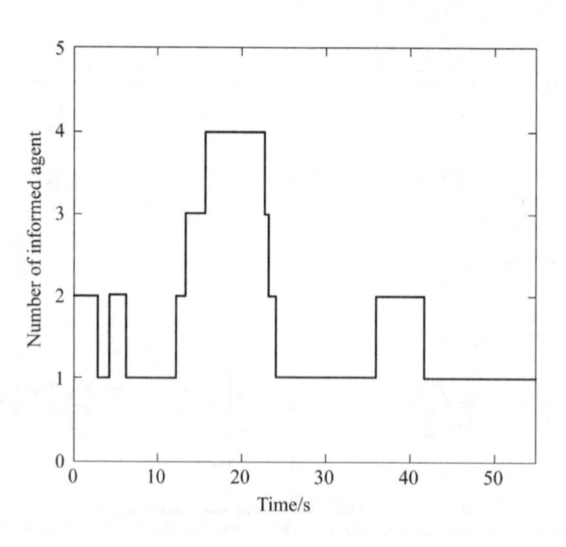

图 3.13　通过第二种复杂障碍物时牵制节点个数变化

本章小结

本章提出了一种具有一般二阶线性系统的动态牵制蜂拥控制算法. 基于动态牵制策略,本章提出了一种新的控制协议,在不需要假设多智能体网络连通或者使用无穷大的人工势函数保持网络连通的情况下,有效地解决了多智能体系统的蜂拥控制问题. 基于 LaSalle 不变原理,本章所提出的蜂拥控制算法能够保证所有智能体的速度都一致并且与虚拟领导者的速度一样,牵制节点的平均位置与虚拟领导者的位置一样,智能体之间不会发生碰撞,并且所有智能体的局部势能达到最小. 此外,动态牵制蜂拥控制算法被扩展到蜂拥过程中遇到障碍物的情况,为了能更光滑地绕过障碍物,引入了一种新的虚拟智能体——β_2-智能体,该智能体对 α-智能体产生一个切向排斥力. 最后,给出了数值模拟结果,进一步证实了算法的有效性.

第4章　具有伪领导者的多智能体系统蜂拥控制算法

本章考虑了没有领导者且具有切换拓扑结构的动态牵制蜂拥控制问题，并且将每个智能体的运动方程表示为更一般的二阶系统．基于动态牵制策略，本章给出了一种新的控制协议使得具有一般二阶模型的多智能体系统在不需要假设智能体网络连通或者采用无穷大的人工势函数保持网络连通的情况下达到蜂拥控制．本章提出的算法具有实际意义，比如在无人机的编队飞行控制当中，无人机群有时候可能收不到来自地面指挥部的指令．无人机网络在等待地面命令的同时必须保持连通，此时，无人机群可以看作没有领导者的多智能体系统．为了保持无人机群紧凑，以往的大部分蜂拥控制算法的做法是用无穷大的人工势函数保持智能体网络的连通，但是这种做法在实际应用中很难实现，而本书算法可以有效解决这种情况，使整个智能体网络速度达到一致并且智能体之间不会发生碰撞．由于考虑了没有领导者的情况，因此，为了使所有智能体能够聚集在一起，首先，本章引入了伪领导者的概念，从整个智能体网络中选择评价指标最低的节点作为群体临时领导者；其次，从每个子网络中选择评价指标最低的节点作为牵制节点，使其能够收到伪领导者的反馈信息，从而使所有智能体围绕在伪领导者的周围．此外，本章还将伪领导者蜂拥控制算法扩展到了有圆形障碍物的情况．在有障碍物的伪领导者蜂拥控制算法中，同样采用两个不同的虚拟智能体与智能体产生两种排斥力，使得所有智能体能够更高效地绕过障碍物．最后，本章给出了数值模拟结果，进一步证实了本章算法的有效性．

4.1　问题阐述

考虑 n 个智能体在 m 维欧氏空间上移动．每个智能体的运动方程表示为

$$\begin{bmatrix}\dot{q}_i\\ \dot{p}_i\end{bmatrix}=(\boldsymbol{X}\otimes\boldsymbol{I}_m)\begin{bmatrix}q_i\\ p_i\end{bmatrix}+(\boldsymbol{Y}\otimes\boldsymbol{I}_m)u_i,\quad i=1,2,\cdots,n. \tag{4.1}$$

其中，

$$X=\begin{bmatrix}\xi_{11} & \xi_{12}\\ \xi_{21} & \xi_{22}\end{bmatrix},\quad Y=\begin{bmatrix}\zeta_1\\ \zeta_2\end{bmatrix},$$

$q_i\in\mathbf{R}^m$ 是智能体 i 的位置向量，$p_i\in\mathbf{R}^m$ 是智能体 i 的速度向量，$u_i\in\mathbf{R}^m$ 是智能体 i 的控制输入向量. 矩阵 $\boldsymbol{X}$ 和矩阵 $\boldsymbol{Y}$ 是二阶的，$\boldsymbol{I}_m$ 是 m 阶单位矩阵，$\otimes$ 表示 Kronecker 积.

假设 4.1　对于每个智能体，$(\boldsymbol{X},\boldsymbol{Y})$是可控的.

对于每个智能体 $i(i=1,2,\cdots,n)$，$(\boldsymbol{X},\boldsymbol{Y})$可控的充分必要条件是由 $\boldsymbol{X}$ 和 $\boldsymbol{Y}$ 组成的可控性判别矩阵

$$\boldsymbol{C}=(\boldsymbol{Y},\boldsymbol{XY},\boldsymbol{X}^2\boldsymbol{Y},\cdots,\boldsymbol{X}^{2m-1}\boldsymbol{Y}) \tag{4.2}$$

必须满秩，即 $\mathrm{rank}(\boldsymbol{C})=2m$.

4.2　没有障碍物的伪领导者蜂拥控制算法

本节考虑了没有障碍物情况下的伪领导者多智能体系统蜂拥控制算法. 算法的目的是在多智能体网络不连通且没有领导者的情况下使整个智能体系统达到蜂拥状态. 多智能体网络不连通且没有领导者的时候，可以从多个智能体当中选择一个智能体作为临时领导者，称该智能体为伪领导者. 本章仍然使用动态牵制策略保证多智能体网络的连通性.

4.2.1　伪领导者的选择

首先选择一个智能体作为整个网络的临时领导者，如何选择该智能体使整个智能体网络能够快速地达到蜂拥是本节最重要的部分. 假设每个智能体都有一个评价指标，再将评价指标最低的智能体作为整个智能体网络的临时领导者，即伪领导者. 每个智能体的评价指标由该智能体与其他智能体之间的位置差和速度差的总和构成. 评价指标的定义如下：

$$F_i=\sum_{j=1}^{n}(d_1\|q_j-q_i\|^2+d_2\|p_j-p_i\|^2),\quad i=1,2,\cdots,n, \tag{4.3}$$

其中，$d_1,d_2\in(0,1]$. 式(4.3)可以看作是一个智能体与其他智能体之间势能和动能的加权总和. 评价指标的实际运算显示，式(4.3)的第一项的值远大于第二项，故第一项具有主导地位. 为了使第二项的作用变大，增加了两个参数 d_1,d_2，以调

整第一项和第二项的比值．式(4.3)的几何意义是越接近智能体网络中心位置的智能体越有可能被选作伪领导者．选完伪领导者以后，重新排列智能体的标号使得伪领导者的下标变成1，图4.1中的正方形代表伪领导者．

本章引入的伪领导者与前两章中的虚拟领导者不一样．虚拟领导者可以带领整个智能群体到达某个提前给定的目的地，而伪领导者不能。其原因是伪领导者也是众多智能体当中的一个智能体，它会受到周围智能体的影响，从而不能带领整个智能群体到达某一个指定目的地．但是伪领导者仍然有领导者的部分作用，即它可以把自己的反馈信息传达给牵制节点，使得整个智能体网络最终能够达到连通，这是伪领导者主要的作用．

由于伪领导者是多个智能体当中的一员，它的运动方程依然使用式(4.1)表示．根据选择伪领导者的方法可知，伪领导者是随着拓扑结构的变化而变化的．这样做也考虑了实际应用，比如在无人机编队飞行中，如果伪领导者失灵或者被敌人打中，就要重新选择一个伪领导者，否则整个无人机网络可能会断开，导致不能完成提前给定的任务．

4.2.2 牵制节点的选择

本章考虑只有一小部分智能体能够收到伪领导者的反馈信息的情况．本书用$\overline{G}(t)$表示除去伪领导者以外的所有智能体构成的网络．在有伪领导者的动态牵制蜂拥控制算法中，把$\overline{G}(t)$分成$l(t)$个连通子网络$G_1, G_2, \cdots, G_{l(t)}$，如图4.1(a)所示．这些子网络满足$\overline{G}(t)=G_1 \cup G_2 \cup \cdots \cup G_{l(t)}$，且当$i \neq j$时，$G_i \cap G_j=\varnothing$．本章同样从每个子网络中选择一个智能体作为牵制节点，即能够直接接收到伪领导者的反馈信息，图4.1中的实心圆和三角形表示牵制节点．其他的节点称为非牵制节点，图4.1中的空心圆表示非牵制节点．非牵制节点分为两类：第一类非牵制节点和第二类非牵制节点．如果一个节点和某一个牵制节点之间有一条路径，则称该节点为第一类非牵制节点，否则称该节点为第二类非牵制节点[24]．更详细的解释请参考第1章内容．

牵制节点依然采用类似式(4.3)的方法选择，不同点在于牵制节点是从每个连通网络中选择而伪领导者是从整个智能体网络中选取，故选择每个连通网络中评价指标最低的节点作为该子网络的牵制节点．对于每个连通子网络$G_k, k=1, 2, \cdots, l(t)$中的节点$i$，它的评价指标定义如下：

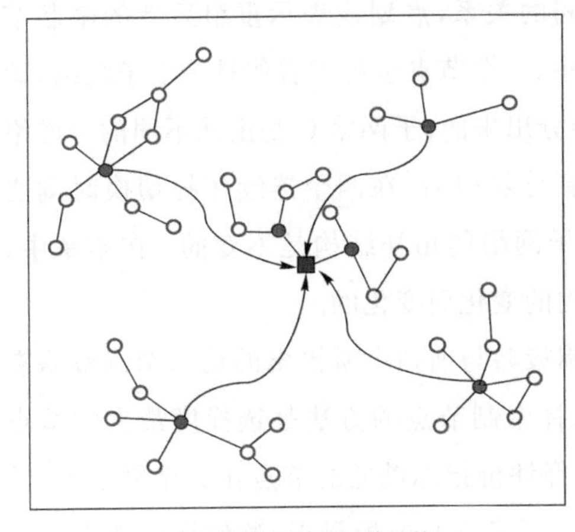

(a) 切换之前的拓扑结构

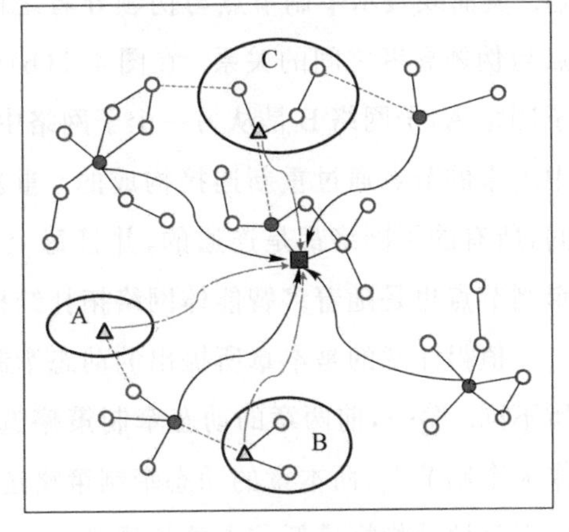

(b) 切换之后的拓扑结构

图 4.1 具有伪领导者的动态牵制示意图

$$\widetilde{F}_i = \sum_{j \in G_k} (d_1 \| q_j - q_i \|^2 + d_2 \| p_j - p_i \|^2) \tag{4.4}$$

对于具有切换拓扑结构的多智能体系统，由于每个智能体都在不断更新自己的位置，因此，在某一个时刻，任意两个智能体之间的连边可能会断开，有时候可能会导致第二类非牵制节点出现. 这些第二类非牵制节点由于接收不到伪领导者的信息，有可能永远不会与其他的智能体网络连通. 为了使第二类非牵制节点能够重新回到智能体网络当中，在每个拓扑切换时刻把整个智能体网络(除去伪领导者)分成若干个连通子网络，之后从每个子网络中选择评价指标最低的节点作为牵制节点，使得在每个时刻所有节点都能够直接或间接地接收到伪领导者的反馈信息，最终整个网络能够达到连通的目的. 拓扑结构发生变化的时刻就是每个智能体的邻域关系发生变化的时刻. 在时刻 t，一个智能体的邻域关系发生变化包括如下几种情形：①有第二类非牵制节点出现；②一些在 $t-\Delta t$ 时刻断开的子网络在 t 时刻构成了新的子网络；③以上两种情况都没有出现，但是某个子网络中的智能体的邻域关系发生了变化.

牵制节点和伪领导者之间会产生虚拟连接，即牵制节点能够收到伪领导者的反馈信息，如图 4.1(b)中的实曲线和点划线所示. 因此，重新分组以后不会再有第二类非牵制节点，即所有节点都能够直接或间接地收到伪领导者的反馈信息，从而能够实现多智能体网络连通. 在图 4.1 中，实线代表智能体之间的邻域关系，图 4.1(b)中的三角形表示拓扑切换之后出现的新的牵制节点，虚线表示断开的边. 实曲线表示牵制节点与伪领导者之间的关系,点划线表示重组后新的牵制节点与伪领导者之间的关系. 在图 4.1(b)中,一个节点也可以看作是一个子网络,即子网络 A;子网络 B 是从另一个子网络中分出来的;子网络 C 是由从不同的子网络中出来的节点通过重新连接构成的. 重新分组以后,在两个连续拓扑切换时刻之间,所有的子网络都是连通的,并且每个子网络的拓扑结构是不变的. 在本章中,牵制节点也是随着多智能体网络拓扑结构的变化而变化的.

值得注意的是本章所提出的动态牵制策略与前两章所提出的动态牵制策略有所不同. 第一,前两章的动态牵制策略选择牵制节点的方法是选择度最大的节点作为牵制节点,而本章的动态牵制策略选择评价指标最低的节点作为牵制节点,其原因是评价指标最低节点的位置离连通子网络中心位置最近,这使得该节点具有重要的意义,即伪领导者的反馈信息通过牵制节点能够快速地传送到子网络中的每个节点;第二,本章在把整个智能体网络划分成若干个连通子网络的时候必须除去伪领导者,因此,对于伪领导者所在的连通子网络,如果除去伪领导者以后该子网络依然连通,则按式(4.4)从该子网络中选择一个牵制节点,如果除去伪领导者以后该子网络变得不连通,则再从每个连通子网络中分别选择评价指标最低的节点作为牵制节点.

4.2.3 控制输入的设计

控制的目的是使多智能体系统〔式(4.1)〕能够达到蜂拥并且避免智能体之间发生碰撞. 根据前面得到的结论,伪领导者的控制输入定义如下:

$$u_1=(-\xi_{21}q_1+v_1)/\zeta_2, \tag{4.5}$$

其中,第一项表示伪领导者的状态反馈项,第二项 v_1 表示伪领导者的协作控制项,v_1 定义为如下形式:

$$v_1=-\sum_{j\in N_1(t)}\nabla_{q_1}\psi_\alpha(\|q_1-q_j\|_\sigma)-\sum_{j\in N_1(t)}a_{1j}(t)(p_1-p_j). \tag{4.6}$$

每个智能体 i 的控制输入定义如下:

$$u_i=(w_i+v_i)/\zeta_2,\quad i=2,\cdots,n, \tag{4.7}$$

其中,第一项 w_i 为智能体 i 的状态反馈项,第二项 v_i 为智能体 i 的协作控制项. 设计控制输入的目的是使所有智能体的速度达到一致且智能体之间不会发生碰撞. 为了达到该目的,第一项 w_i 可以考虑如下形式:

$$w_i=-\xi_{21}q_i. \tag{4.8}$$

第二项 v_i 可以考虑如下形式：

$$v_i = v_1 - \sum_{j \in N_i(t)} \nabla_{q_i} \psi_\alpha(\| q_i - q_j \|_\sigma) - \sum_{j \in N_i(t)} a_{ij}(t)(p_i - p_j) - h_i(t)[c_1(q_i - q_1) + c_2(p_i - p_1)], \tag{4.9}$$

其中，$c_1, c_2 > 0$，q_1 和 p_1 分别是伪领导者的位置和速度向量，v_1 是伪领导者的协作控制项，由于伪领导者受到它周围智能体的影响，所以它的速度是随时间变化的，因此，在式(4.9)中加入了伪领导者的协作控制输入部分. 如果第 i 个智能体是牵制节点，则 $h_i(t)=1$，否则 $h_i(t)=0$. 第1章给出了势函数 $\psi_\alpha(z)$ 和邻接矩阵 $\mathbf{A}(t) = (a_{ij}(t))_{n \times n}$ 的表达式.

式(4.5)～式(4.9)可以写成如下统一形式：

$$\begin{cases} u_i = (-\xi_{21} q_i + v_i)/\zeta_2, \quad i = 1, 2, \cdots, n, \\ v_i = -\sum_{j \in N_i(t)} \nabla_{q_i} \psi_\alpha(\| q_i - q_j \|_\sigma) - \sum_{j \in N_i(t)} a_{ij}(t)(p_i - p_j) + \\ \quad v_1(1 - \delta_i) - h_i(t)[c_1(q_i - q_1) + c_2(p_i - p_1)], \end{cases} \tag{4.10}$$

其中，如果 $i=1$，则 $\delta_i=1$；否则 $\delta_i=0$.

$\tilde{q}_i = q_i - q_1$ 和 $\tilde{p}_i = p_i - p_1$，$(i=2, \cdots, n)$ 分别表示每个智能体 i 与伪领导者之间的位置差与速度差. 把式(4.5)和式(4.7)代入式(4.1)中并结合位置差和速度差，将所有智能体的动力学方程改写为

$$\begin{cases} \dot{\tilde{q}}_i = \left(\xi_{11} - \dfrac{\zeta_1}{\zeta_2}\xi_{21}\right)\tilde{q}_i + \xi_{12}\tilde{p}_i + \dfrac{\zeta_1}{\zeta_2}(v_i - v_1), \\ \dot{\tilde{p}}_i = \xi_{22}\tilde{p}_i + v_i - v_1, \quad i = 2, \cdots, n. \end{cases} \tag{4.11}$$

为了达到多智能体系统的蜂拥控制目的，必须满足下面的假设.

假设4.2　在多智能体系统网络中，每个智能体动力学方程中的矩阵$(\boldsymbol{X}, \boldsymbol{Y})$满足条件 $\zeta_2\xi_{11} - \zeta_1\xi_{21} = 0$ 和 $\xi_{22} \leqslant 0$.

基于假设4.2，动力学方程式〔式(4.11)〕可以改写为如下形式：

$$\begin{cases} \dot{\tilde{q}}_i = \mu_1 \tilde{p}_i + \mu_2 \tilde{v}_i, \\ \dot{\tilde{p}}_i = \mu_3 \tilde{p}_i + \tilde{v}_i, \quad i = 2, \cdots, n, \end{cases} \tag{4.12}$$

其中，$\mu_1 = \xi_{12}$，$\mu_2 = \dfrac{\zeta_1}{\zeta_2}$，$\mu_3 = \xi_{22}$ 和 $\tilde{v}_i = v_i - v_1$.

为了使矩阵 $\boldsymbol{X}$ 和 $\boldsymbol{Y}$ 里元素的取值范围更大，在每个智能体的控制输入中都加入了 $w_i = -\xi_{21} q_i$ 项. 为了避免碰撞，令式(4.11)中的系数 $\xi_{11} - (\zeta_1/\zeta_2)\xi_{21} = 0$. 如果

定义 $w_i=0$，则可以得到矩阵 $\boldsymbol{X}$ 中的元素必须满足 $\xi_{11}=\xi_{21}=0$，这使得矩阵 $\boldsymbol{X}$ 中的元素的取值范围变得非常小，并且该条件也包含在假设 4.2 里面. 总之，取 $w_i=-\xi_{21}q_i$ 好于取 $w_i=0$.

本章提出的具有一般二阶线性模型的伪领导者多智能体系统动态牵制蜂拥控制算法的步骤如下。

(1) 初始化所有参数和每个智能体的位置 $q_i(0)$、速度 $p_i(0)$，$i=1,2,\cdots,n$，并设初始时间 $t=0$.

(2) 在每个拓扑切换时刻，把智能体网络 $\overline{G}(t)$ 分成 $l(t)$ 个连通子网络.

(3) 从每个连通子网络中选择评价指标最低的节点作为牵制节点.

(4) 在每个牵制节点和伪领导者之间加一个虚拟连接，即牵制节点能够收到伪领导者的反馈信息.

(5) 在每个 t 时刻，用式(4.10)更新所有智能体的位置和速度向量.

(6) 如果所有智能体的速度变成一致或者达到最大的迭代次数，算法终止；否则设 $t=t+\Delta t$ 且进行(7).

(7) 搜索整个网络，在时刻 t，一个智能体的邻域关系发生变化包括如下几种情形：①如果有第二类非牵制节点出现或者一些在 $t-\Delta t$ 时刻断开的子网络在 t 时刻构成了新的子网络，则回到(2)；②如果以上两种情况都没有出现，则回到(3)；③如果 t 时刻的拓扑结构与 $t-\Delta t$ 时刻的拓扑结构一样，则回到(5).

4.3 算法的稳定性分析

下面采用矩阵论和代数图论[115-120,122]分析算法的稳定性. 为了给出本章蜂拥控制算法在控制输入〔式(4.10)〕下的稳定性分析，定义系统的总能量函数为

$$
\begin{aligned}
Q(t)= & \frac{1}{2}\sum_{i=2}^{n}[U_i+\mu_1(p_i-p_1)^{\mathrm{T}}(p_i-p_1)]+ \\
& \frac{\mu_2}{2}[\sum_{i=2}^{n}h_i(t)c_2(p_i-p_1)^{\mathrm{T}}(p_i-p_1)+ \\
& \sum_{i=2}^{n}\sum_{j=2}^{n}a_{ij}(t)(p_i-p_1)^{\mathrm{T}}(p_i-p_j)+ \\
& \sum_{i=2}^{n}a_{i1}(t)(p_i-p_1)^{\mathrm{T}}(p_i-p_1)],
\end{aligned} \tag{4.13}
$$

其中，

$$U_i = \sum_{j=2,j\neq i}^{n} \psi_\alpha(\|q_i - q_j\|_\sigma) + 2\psi_\alpha(\|q_i - q_1\|_\sigma) + h_i(t)c_1(q_i - q_1)^{\mathrm{T}}(q_i - q_1), \tag{4.14}$$

并且得到以下结论.

定理 4.1 如果假设 4.1 和假设 4.2 成立，n 个智能体的运动方程由式(4.1)给出，并且用式(4.10)控制每个智能体. 假如初始能量 $Q_0 = Q(t_0)$ 有限，并且 ξ_{12}，ξ_{22}，ζ_1 和 ζ_2 取合适的值使得 $\mu_1 > 0$，$\mu_2 \geqslant 0$ 和 $\mu_3 \leqslant 0$，则所有智能体的速度逐渐达到一致并且智能体之间不会发生碰撞.

证明：$t_1,t_2,\cdots$ 表示一系列拓扑切换时刻，并且在每两个连续的拓扑切换时刻 $[t_y,t_{y+1})$，$y=0,1,\cdots$ 内，网络 $G(t)$ 的拓扑结构是不变的. 由于拓扑结构的切换性，总能量函数 $Q(t)$ 在拓扑切换时刻是不连续的，但是在每个 $[t_y,t_{y+1})$，$y=0,1,\cdots$ 内是可微的.

设 $\tilde{q}_i = q_i - q_0$，$\tilde{p}_i = p_i - p_0$，$q_{ij} = q_i - q_j$ 且 $\tilde{q}_{ij} = \tilde{q}_i - \tilde{q}_j$. 因此，每个智能体 i 的控制输入的第二项〔式(4.9)〕可以改写为

$$\tilde{v}_i = -\sum_{j\in N_i(t)} \nabla_{\tilde{q}_i}\psi_\alpha(\|\tilde{q}_{ij}\|_\sigma) - \sum_{j\in N_i(t)} a_{ij}(t)(\tilde{p}_i - \tilde{p}_j) - h_i(t)(c_1\tilde{q}_i + c_2\tilde{p}_i) \tag{4.15}$$

且非负定函数〔式(4.13)〕可以改写为

$$Q(t) = \frac{1}{2}\sum_{i=2}^{n}(U_i + \mu_1\tilde{p}_i^{\mathrm{T}}\tilde{p}_i) + \frac{\mu_2}{2}\left[\sum_{i=2}^{n} h_i(t)c_2\tilde{p}_i^{\mathrm{T}}\tilde{p}_i + \sum_{i=2}^{n}\sum_{j=2}^{n} a_{ij}(t)\tilde{p}_i^{\mathrm{T}}(\tilde{p}_i - \tilde{p}_j) + \sum_{i=2}^{n} a_{i1}(t)\tilde{p}_i^{\mathrm{T}}\tilde{p}_i\right], \tag{4.16}$$

其中，

$$U_i(\tilde{q}) = \sum_{j=2,j\neq i}^{n} \psi_\alpha(\|\tilde{q}_{ij}\|_\sigma) + 2\psi_\alpha(\|\tilde{q}_i\|_\sigma) + h_i(t)c_1\tilde{q}_i^{\mathrm{T}}\tilde{q}_i. \tag{4.17}$$

显然，$Q(t)$ 是正半定的函数，其中，$\tilde{p} = \mathrm{col}(\tilde{p}_2,\tilde{p}_3,\cdots,\tilde{p}_n) \in \mathbf{R}^{m(n-1)}$，$\tilde{q} = \mathrm{col}(\tilde{q}_2,\tilde{q}_3,\cdots,\tilde{q}_n) \in \mathbf{R}^{m(n-1)}$.

由势函数和邻接矩阵的对称性，可以得到

$$\nabla_{\tilde{q}_{ij}}\psi_\alpha(\|\tilde{q}_{ij}\|_\sigma) = \nabla_{\tilde{q}_i}\psi_\alpha(\|\tilde{q}_{ij}\|_\sigma) = -\nabla_{\tilde{q}_j}\psi_\alpha(\|\tilde{q}_{ij}\|_\sigma). \tag{4.18}$$

对总能量函数 $Q(t)$ 求关于时间 t 的导数，再代入式(4.12)可以得到

$$\begin{aligned}\dot{Q}(t)= &\sum_{i=2}^{n}\Big[\sum_{j\in N_i(t),j\neq 1}\nabla_{\tilde{q}_i}\psi_\alpha(\|\tilde{q}_{ij}\|_\sigma)+\nabla_{\tilde{q}_i}\psi_\alpha(\|\tilde{q}_i\|_\sigma)+h_i(t)c_1\tilde{q}_i\Big]^{\mathrm{T}}\dot{\tilde{q}}_i+\\ &\sum_{i=2}^{n}\big[\mu_1\tilde{p}_i+\mu_2h_i(t)c_2\tilde{p}_i+\mu_2\sum_{j\in N_i(t)}a_{ij}(t)(\tilde{p}_i-\tilde{p}_j)\big]^{\mathrm{T}}\dot{\tilde{p}}_i\\ =&-\mu_2\tilde{v}^{\mathrm{T}}\tilde{v}+\mu_1\mu_3\tilde{p}^{\mathrm{T}}\tilde{p}-(\mu_1-\mu_2\mu_3)\tilde{p}^{\mathrm{T}}(\boldsymbol{L}_{n-1}(t)\otimes\boldsymbol{I}_m)\tilde{p}-\\ &(\mu_1-\mu_2\mu_3)\tilde{p}^{\mathrm{T}}(\boldsymbol{\Xi}_{n-1}(t)\otimes\boldsymbol{I}_m)\tilde{p}-(\mu_1c_2-\mu_2\mu_3c_1)\tilde{p}^{\mathrm{T}}(\boldsymbol{H}_{n-1}(t)\otimes\boldsymbol{I}_m)\tilde{p},\end{aligned} \tag{4.19}$$

其中，$\tilde{v}=\mathrm{col}(\tilde{v}_2,\tilde{v}_3,\cdots,\tilde{v}_n)\in\mathbf{R}^{m(n-1)}$，$\boldsymbol{H}_{n-1}(t)=\mathrm{diag}[h_2(t),h_3(t),\cdots,h_n(t)]$，$\boldsymbol{\Xi}_{n-1}(t)=\mathrm{diag}(a_{21}(t),a_{31}(t),\cdots,a_{n1}(t))$，$\boldsymbol{L}_{n-1}(t)$ 是多智能体网络 $\overline{G}(t)$ 对应的 Laplacian 矩阵. 在式(4.19)中，用到了矩阵 $\boldsymbol{L}_{n-1}(t)$，矩阵 $\boldsymbol{\Xi}_{n-1}(t)$ 和矩阵 $\boldsymbol{H}_{n-1}(t)$ 的正半定性. $\dot{Q}(t)\leqslant 0$ 意味着 $Q(t)$ 在 $t\in[t_y,t_{y+1})$，$y=0,1,2,\cdots$ 内是一个非增函数.

t_y^- 和 t_y 分别表示切换拓扑之前和之后的时刻，则在某些时候，t_y^- 时刻的总能量函数 $Q(t_y^-)$ 可能与 t_y 时刻的总能量函数 $Q(t_y)$ 不同. 总能量函数不连续主要是在拓扑切换时刻牵制节点变化造成的，而牵制节点之所以发生变化是因为有第二类非牵制节点出现或者一些在 $t-\Delta t$ 时刻断开的子网络在 t 时刻构成了新的子网络. 牵制节点的变化会导致总能量函数〔式(4.13)〕在某些拓扑切换时刻发生增长，如图 4.2 所示. 但是，在每个区间 $t\in[t_y,t_{y+1})$，$y=0,1,2,\cdots$ 内，总能量函数 $Q(t)$ 会随时间递减，这说明所有智能体都在逐渐调整它们的位置以与周围的智能体保持期望距离并且渐渐将它们的速度调整至与伪领导者一样，这会减少第二类非牵制节点的出现，且能量函数差 $\Delta Q=Q(t_y)-Q(t_y^-)$ 会逐渐减小. 经过有限时间 T_0 以后，每个连通子网络的规模会越来越大，且不会再出现第二类非牵制节点.

下面考虑当 $t>T_0$ 的时候算法的收敛性. 对于任意 $c>0$，$\Omega=\{[\tilde{q}^{\mathrm{T}},\tilde{p}^{\mathrm{T}}]^{\mathrm{T}}\in\mathbf{R}^{2m(n-1)}\mid Q(\tilde{q},\tilde{p})\leqslant c\}$ 表示总能量函数 Q 的水平集. 已知 Ω 是不变集，根据式(4.16)可以得到 $\tilde{p}_i^{\mathrm{T}}\tilde{p}_i\leqslant 2c$，$i=2,3,\cdots,n$. 因此，$\|\tilde{p}_i\|$ 是有限的. 根据本书的动态牵制策略可知，无论在任何时刻，每个智能体与伪领导者都有直接或间接的联系，故可以得到 $\|\tilde{q}_i\|$，$i=2,3,\cdots,n$ 是有限的. 这说明集合 Ω 是紧集，进而可以得到 Ω 是不变紧集. 根据 LaSalle 不变原理[115,120]，从 Ω 开始的所有智能体的轨迹将会收敛到它的最大不变子集

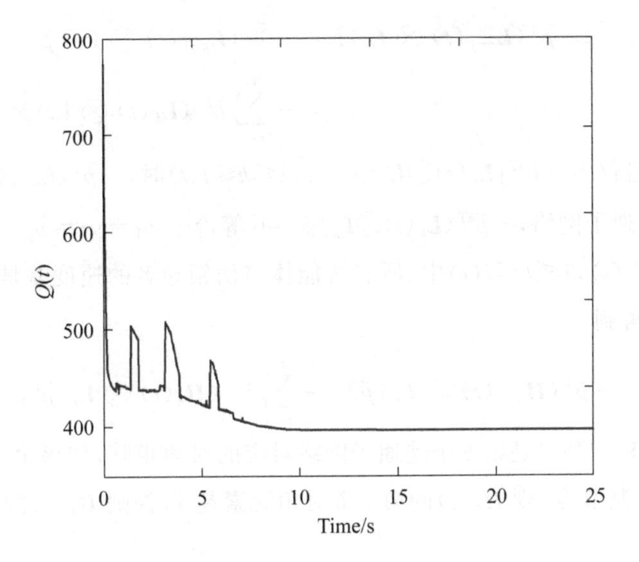

图 4.2 能量函数示意图

$$\Omega=\{[\tilde{q}^{\mathrm{T}},\tilde{p}^{\mathrm{T}}]^{\mathrm{T}}\in\mathbf{R}^{2m(n-1)}\mid\dot{Q}=0\}.$$

根据式(4.19)可以得到,当且仅当$-\tilde{p}^{\mathrm{T}}(\boldsymbol{L}_{n-1}(t)\otimes\boldsymbol{I}_m)\tilde{p}=0$和$-\tilde{p}^{\mathrm{T}}(\boldsymbol{H}_{n-1}(t)\otimes\boldsymbol{I}_m)\tilde{p}=0$时,$\dot{Q}(t)=0$.

假设$\overline{G}(t)$有$l(t)$个连通子网络,并且每个子网络都有$\rho_k(t),k=1,2,\cdots,l(t)$个智能体. 对于任何$t\geqslant 0$时刻,总存在正交转换矩阵$\boldsymbol{P}(t)\in\mathbf{R}^{(n-1)\times(n-1)}$使得$\boldsymbol{L}_{n-1}(t)$可以转换成分块对角矩阵的形式

$$\breve{\boldsymbol{L}}_{n-1}(t)=\boldsymbol{P}(t)\boldsymbol{L}_{n-1}(t)\boldsymbol{P}(t)^{\mathrm{T}}=\mathrm{diag}(\boldsymbol{L}_1(t),\boldsymbol{L}_2(t),\cdots,\boldsymbol{L}_{l(t)}(t)),$$

其中,$\boldsymbol{L}_k(t)\in\mathbf{R}^{\rho_k(t)\times\rho_k(t)},k=1,2,\cdots,l(t)$是第$k$个连通子网络对应的Laplacian矩阵. 状态向量的下标可以重新排列,使得

$$\breve{\tilde{p}}=[\tilde{p}^{1\mathrm{T}},\tilde{p}^{2\mathrm{T}},\cdots,\tilde{p}^{l(t)\mathrm{T}}]^{\mathrm{T}}=(\boldsymbol{P}(t)\otimes\boldsymbol{I}_m)\tilde{p},$$

其中,$\tilde{p}^k=[\tilde{p}_1^k,\cdots,\tilde{p}_{\rho_k(t)}^k]^{\mathrm{T}}$是第$k$个连通子网络中$\rho_k(t)$个智能体与伪领导者的速度差. 进一步可以得到

$$\begin{aligned}\breve{\tilde{p}}^{\mathrm{T}}(\breve{\boldsymbol{L}}_{n-1}(t)\otimes\boldsymbol{I}_m)\breve{\tilde{p}}&=[(\boldsymbol{P}(t)\otimes\boldsymbol{I}_m)\tilde{p}]^{\mathrm{T}}(\breve{\boldsymbol{L}}_{n-1}(t)\otimes\boldsymbol{I}_m)[(\boldsymbol{P}(t)\otimes\boldsymbol{I}_m)\tilde{p}]\\&=\tilde{p}^{\mathrm{T}}(\boldsymbol{L}_{n-1}(t)\otimes\boldsymbol{I}_m)\tilde{p}.\end{aligned}$$

因此,

$$-\breve{p}^{\mathrm{T}}(\boldsymbol{L}_{n-1}(t)\otimes\boldsymbol{I}_m)\breve{p}=-\breve{p}^{\mathrm{T}}(\breve{\boldsymbol{L}}_{n-1}(t)\otimes\boldsymbol{I}_m)\breve{p}$$

$$=-\sum_{k=1}^{l(t)}\breve{p}^{k\mathrm{T}}(\boldsymbol{L}_k(t)\otimes\boldsymbol{I}_m)\breve{p}^k.$$

显然,当且仅当$-\breve{p}^{k\mathrm{T}}(\boldsymbol{L}_k(t)\otimes\boldsymbol{I}_m)\breve{p}^k=0,1\leqslant k\leqslant l(t)$时,$-\breve{p}^{\mathrm{T}}(\boldsymbol{L}_{n-1}(t)\otimes\boldsymbol{I}_m)\breve{p}=0$. 故对于所有连通子网络,$-\breve{p}^{k\mathrm{T}}(\boldsymbol{L}_k(t)\otimes\boldsymbol{I}_m)\breve{p}^k=0$ 等价于 $\breve{p}_1^k=\cdots=\breve{p}_{\rho_k(t)}^k$. 这说明每个连通子网络 $G_k(t),1\leqslant k\leqslant l(t)$中,所有智能体与伪领导者的速度差是相同的. 类似地,我们可以得到

$$-\breve{p}^{\mathrm{T}}(\boldsymbol{H}_{n-1}(t)\otimes\boldsymbol{I}_m)\breve{p}=-\sum_{k=1}^{l(t)}\breve{p}^{k\mathrm{T}}(\boldsymbol{H}_k(t)\otimes\boldsymbol{I}_m)\breve{p}^k,$$

其中,$\boldsymbol{H}_k(t)\in\mathbf{R}^{\rho_k(t)\times\rho_k(t)}$是第 k 个连通子网络对应的对角矩阵,如果第 $i,1\leqslant i\leqslant\rho_k(t)$个智能体是牵制节点,则 $\boldsymbol{H}_k(t)$的第 i 个对角元素是 1,否则 $\boldsymbol{H}_k(t)$的第 i 个对角元素是 0.

显然,当且仅当$-\breve{p}^{k\mathrm{T}}(\boldsymbol{H}_k(t)\otimes I_m)\breve{p}^k=0,1\leqslant k\leqslant l(t)$时,$-\breve{p}^{\mathrm{T}}(\boldsymbol{H}_{n-1}(t)\otimes\boldsymbol{I}_m)\breve{p}=0$. 这说明所有牵制节点的速度与伪领导者的速度一样.

根据本书提出的动态牵制算法,在每个连通子网络中选择评价指标最低的节点作为牵制节点,故在每个连通子网络中恰好有一个牵制节点. 为不失一般性,我们假设在每个连通子网络中的第一个智能体为牵制节点,可以得到 $\breve{p}_1^k=0,1\leqslant k\leqslant l(t)$. 根据前文中得到的结论可知,对于每个连通子网络,都有 $\breve{p}_i^k=0,1\leqslant i\leqslant\rho_k(t)$,这表示所有智能体都以与伪领导者相同的速度运动,即 $p_1=p_2=\cdots=p_n$.

智能体避免碰撞的证明与定理 3.1 的证明类似,在这里省略.

4.4 具有障碍物的伪领导者蜂拥控制算法

本节考虑了有伪领导者的多智能体系统在蜂拥控制过程中遇到圆形障碍物的情况. 虽然有伪领导者的蜂拥控制算法可以使多智能体速度一致且彼此之间不会发生碰撞,但是在蜂拥过程中难免遇到障碍物,因此,蜂拥控制算法不仅要考虑多智能体系统的蜂拥控制而且还要避免与障碍物发生碰撞. 为了使α-智能体在遇到障碍物的时候能更光滑地绕过障碍物,本章采用了第 3 章提出的绕过障碍物的方法,给出了具有障碍物的伪领导者多智能体系统动态牵制蜂拥控制算法. 由于本章具有障碍物的蜂拥控制算法是在第 3 章中绕过障碍物的方法的基础上得到的,所以在这里不再进行重复介绍.

α-智能体和β-智能体的邻域分别定义为

$$N_i^{\alpha}=\{j\in V \mid \|q_j-q_i\|<r\}, \tag{4.20}$$

和

$$\begin{aligned} N_i^{\beta}= & \{k \mid \|q_{i,k}-q_i\|<r'\} \cup \\ & \{l \mid (q_i-\bar{q}_{i,l})\cdot p_i \geqslant 0, <(\bar{q}_{i,l}-q_i)\cdot(q_{i,k}-q_i)>=\frac{\pi}{2}, \\ & \|\bar{q}_{i,l}-q_i\|=\|q_{i,k}-q_i\|\}, \end{aligned} \tag{4.21}$$

其中,r 和 r'分别是α-智能体和β-智能体的感应半径. 在这里,我们可以选择 $r'<r$,但是在一般情况下,r 和 r'也可以独立地选取,这里所有的概念在第 3 章中都有详细的介绍.

下面给出具有障碍物的伪领导者蜂拥控制算法. 对于每个智能体 i,控制输入定义如下:

$$\begin{cases} u_i=(-\xi_{21}q_i+v_i)/\zeta_2, \quad i=1,2,\cdots,n, \\ v_i=-\sum_{j\in N_i^{\alpha}(t)}\nabla_{q_i}\psi_{\alpha}(\|q_i-q_j\|_{\sigma})-\sum_{j\in N_i^{\alpha}(t)}a_{ij}(t)(p_i-p_j)+ \\ \quad v_1(1-\delta_i)-h_i(t)[c_1(q_i-q_1)+c_2(p_i-p_1)]- \\ \quad \sum\limits_{l\in N_i^{\beta}(t)}\nabla_{q_i}\psi_{\beta}(\|q_i-\bar{q}_{i,l}\|_{\sigma})-\sum\limits_{k\in N_i^{\beta}(t)}\nabla_{q_i}\psi_{\beta}(\|q_i-q_{i,k}\|_{\sigma}), \end{cases} \tag{4.22}$$

其中,式(4.22)中的所有参数设置与第 3 章相同,式(4.22)中的最后两项分别是β_1-智能体和β_2-智能体与α-智能体之间的排斥力.

4.5　数值模拟结果与讨论

4.5.1　没有障碍物情况下的数值模拟

本小节模拟了 30 个智能体在控制输入〔式(4.10)〕的影响下在二维平面上运动的情况. 30 个智能体的初始位置和初始速度分别由区间[0,20]×[0,20]和[−1,1]×[−1,1]随机生成. 每个智能体的感应半径 $r=4$,期望距离 $d=3.3$,$c_1=0.3$,$c_2=0.5$,其他参数设置与前两章一样. 在动力学方程〔式(4.1)〕中矩阵 $\boldsymbol{X}$ 和 $\boldsymbol{Y}$ 取值为

$$\boldsymbol{X}=\begin{bmatrix}2 & 1\\ 2 & -1\end{bmatrix}, \quad \boldsymbol{Y}=\begin{bmatrix}1\\ 1\end{bmatrix}.$$

图 4.3 给出了 30 个智能体组成的多智能体网络的初始拓扑结构、拓扑结构的演化过程和最终拓扑结构. 在图 4.3 中,实心圆点表示牵制节点的位置,空心圆点表示非牵制节点的位置,正方形表示伪领导者的位置,直线表示智能体之间的邻域关系,箭头表示智能体的速度方向及大小. 图 4.3(a)显示了 30 个智能体的初始网络,通过该图我们可以看出初始网络有很高的不连通性. 在每个拓扑切换时刻,把整个智能体网络分成若干个连通子网络,之后从每个子网络中选择评价指标最低的节点作为牵制节点,使得在每个时刻所有节点都能够直接或间接地收到伪领导者的反馈信息,最终达到整个网络能够连通的目的. 在这里依然采用牵制节点的标号来代表它所处的子网络. 从图 4.3 中我们可以看出,我们需要从伪领导者所在的连通子网络(子网络 7)中选择一个牵制节点,这是因为划分整个智能体网络的时候必须除去伪领导者,因此,伪领导者所在的子网络就选择了评价指标最低的节点作为牵制节点. 随着拓扑结构的演化,最大子网络的规模会越来越大,并且子网络的个数会越来越少,如图 4.3(b)至图 4.3(e)所示. 最终,所有的智能体都会连通且速度达到一致并且与伪领导者的速度一样,如图 4.3(f)所示.

图 4.4(a)给出了所有智能体的轨迹. 从该图中我们可以清楚地看出每个智能体之间保持着固定距离并且所有智能体都以相同的速度移动. 图 4.4(b)给出了本书算法前 10 s 内的牵制节点个数,我们可以很容易地看出牵制节点个数随着时间的增长而减少. 但是在某些时刻会出现牵制节点个数增长的情况,这是因为在智能体网络拓扑演化的过程中出现了新的第二类非牵制节点,为了能够把第二类非牵制节点转换成第一类非牵制节点,需要重新选择牵制节点,这会导致牵制节点个数的增加. 在多智能体系统渐进蜂拥过程中,所有智能体逐渐调整它们的位置以与周围智能体保持期望距离并且渐渐将它们的速度调整至与伪领导者一样,这会减少第二类非牵制节点的出现,且最终整个网络达到连通. 图 4.4(c)显示了所有智能体的平均速度与伪领导者速度的误差,速度误差定义如下:

$$e_p = \frac{1}{(n-1)} \sum_{i=2}^{n} p_i - p_1, \tag{4.23}$$

其中,p_1 是伪领导者的速度. 很显然 e_p 逐渐变成零,这说明所有智能体的速度与伪领导者的速度一样,没有障碍物情况下的数值模拟得到的模拟结果与定理 4.1 得到的理论结果一致.

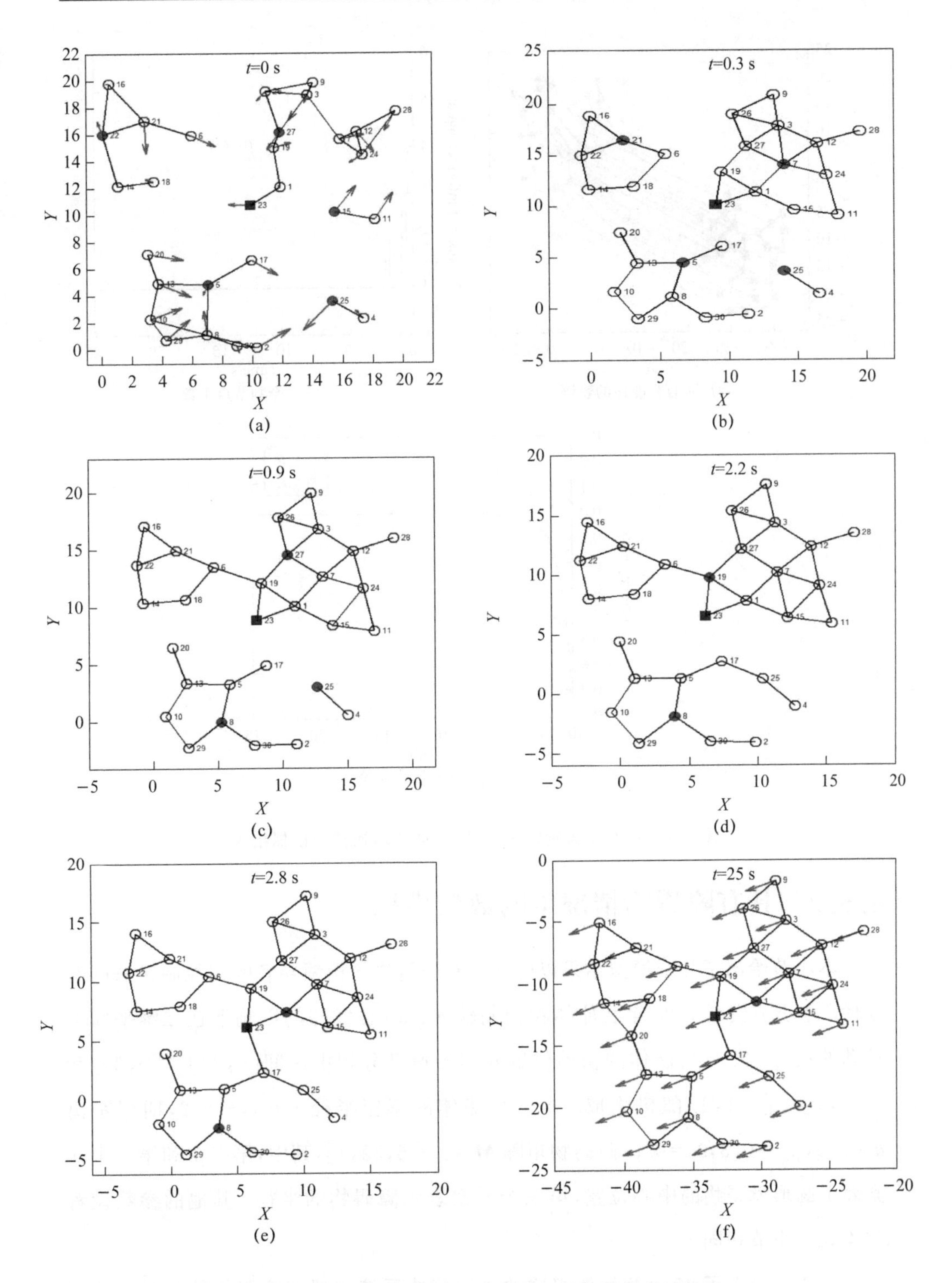

图 4.3　没有障碍物时 30 个智能体网络拓扑结构演化图

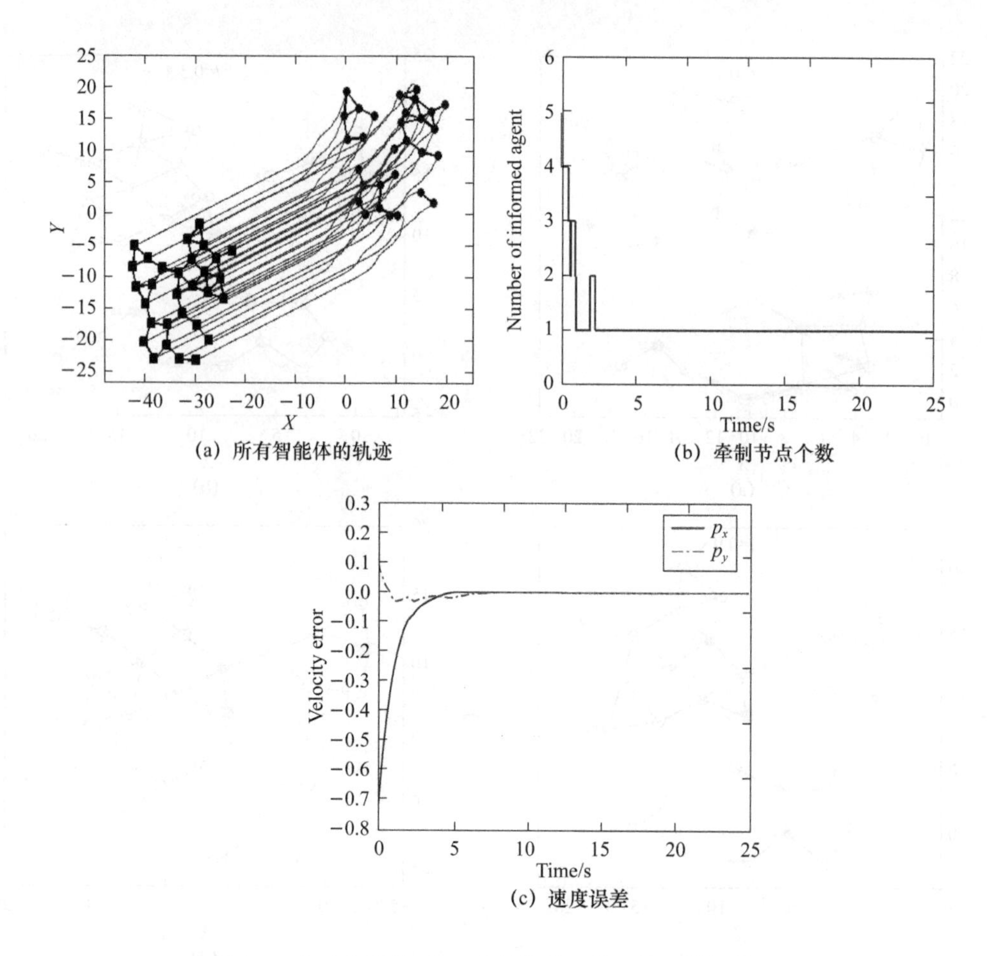

(a) 所有智能体的轨迹 (b) 牵制节点个数

(c) 速度误差

图 4.4　没有障碍物时 30 个智能体的蜂拥控制模拟结果

4.5.2　具有障碍物情况下的数值模拟

本小节给出了几个模拟结果以验证具有障碍物的伪领导者蜂拥控制算法的有效性. 本小节模拟了 25 个智能体在控制输入〔式(4.22)〕的影响下在二维平面上运动的情况. 25 个智能体的初始位置和初始速度分别由区间[0,20]×[0,20]和[−1,1]×[−1,1]随机生成. 每个智能体的感应半径 $r=4$,$r'=2$,期望距离 $d=3.3$, $c_1=0.3$,$c_2=0.5$,障碍物矩阵 $\boldsymbol{M}_o=[-5,52,4]$,其中,第一个和第二个元素表示圆形障碍物的中心位置,第三个元素表示障碍物的半径. 其他的参数设置与 4.5.1 小节相同.

图 4.5 给出了 25 个智能体组成的多智能体系统在遇到障碍物的情况下的网

络初始拓扑结构、拓扑结构的演化过程和最终拓扑结构. 在图 4.5 中,实心圆点表示牵制节点的位置,空心圆点表示非牵制节点的位置,正方形表示伪领导者的位置,直线表示智能体之间的邻域关系,箭头表示智能体的速度方向及大小. 图 4.5(a) 显示了 25 个智能体的初始网络,可以看出初始网络有很高的不连通性. 在每个拓扑切换时刻,把整个智能体网络分成若干个连通子网络,然后从每个子网络中选择评价指标最低的节点作为牵制节点. 随着拓扑结构的演化,最大子网络的规模会越来越大,并且子网络的个数会越来越少,如图 4.5(b)至图 4.5(e)所示. 最终,所有的智能体都会连通且速度达到一致并且与伪领导者的速度一样,如图 4.5(f) 所示.

图 4.6(a)给出了所有智能体遇到单个障碍物时的运动轨迹. 从该图中我们可以清楚地看出所有智能体之间保持着固定距离并且所有智能体以相同的速度移动. 图 4.6(b)给出了所有智能体遇到多个障碍物时的运动轨迹. 从该图中我们可以看出不管遇到多少个障碍物,基于本章算法的多智能体系统始终能够光滑地绕过障碍物. 图 4.6(c)给出了本章算法 40 s 内的牵制节点个数,我们可以很容易地看出牵制节点个数随着时间的增长而减少. 但是在某些时刻会出现牵制节点个数增加的情况,这是因为在智能体网络拓扑演化的过程中出现了新的第二类非牵制节点,为了能够把第二类非牵制节点转换成第一类非牵制节点,需要重新选择牵制节点,这会导致牵制节点个数的增加. 在多智能体系统渐进蜂拥的过程中,所有智能体逐渐调整它们的位置以与周围智能体保持期望距离并且渐渐将它们的速度调整至与伪领导者一样,这会减少第二类非牵制节点的出现,且最终整个网络达到连通. 图 4.6(d)显示了所有智能体的平均速度与伪领导者速度的误差,速度误差如式(4.23)所示. 很显然 e_p 逐渐变成零,这说明所有智能体的速度与伪领导者的速度一致.

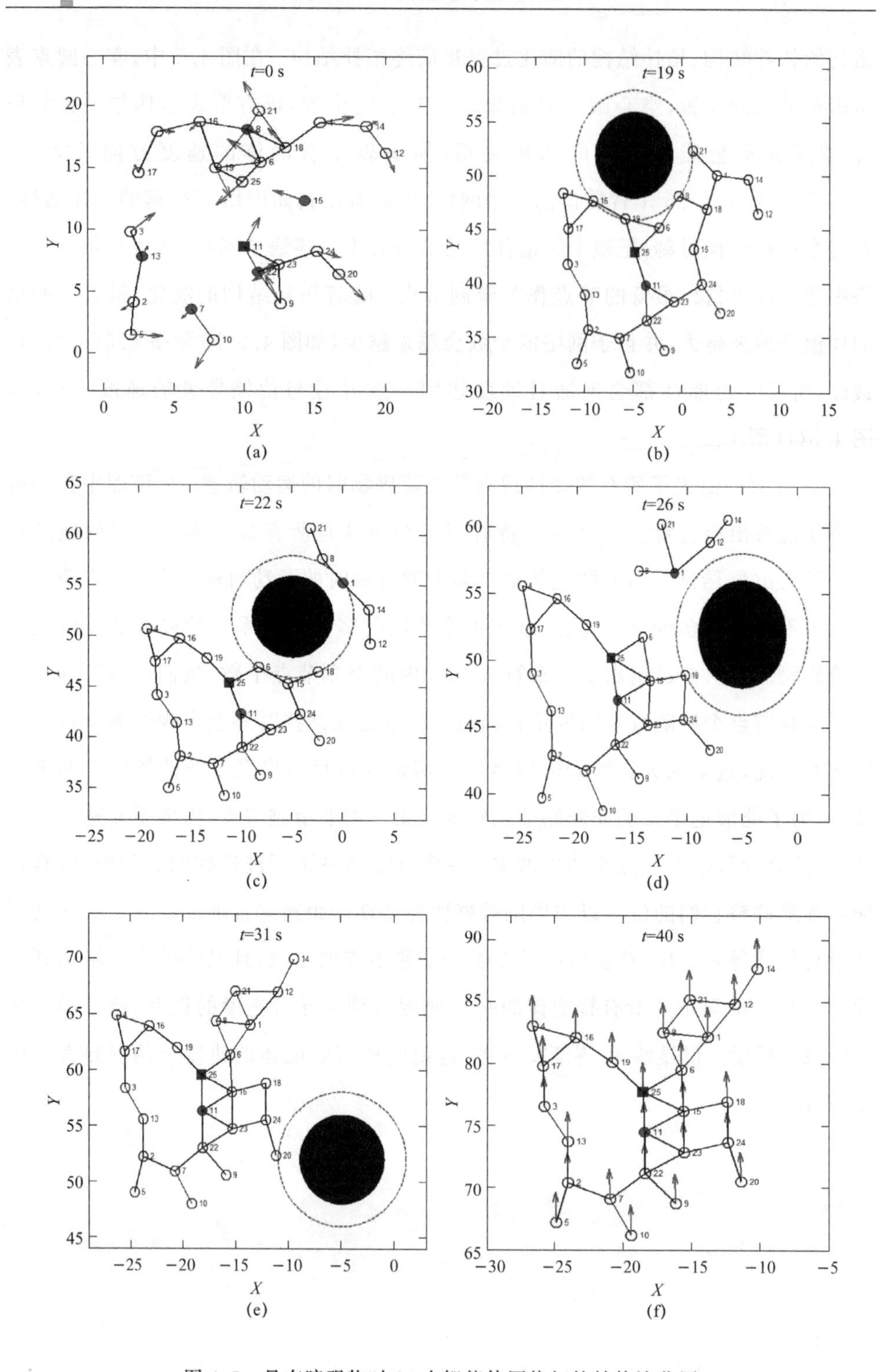

图 4.5 具有障碍物时 25 个智能体网络拓扑结构演化图

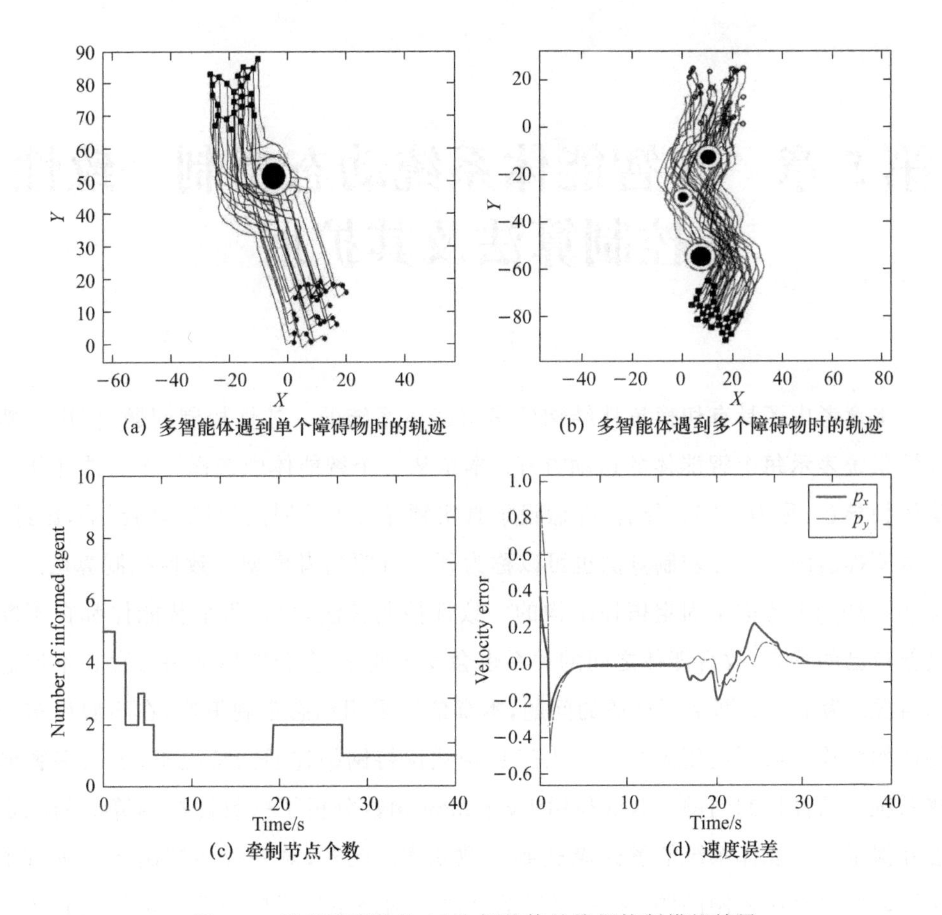

(a) 多智能体遇到单个障碍物时的轨迹
(b) 多智能体遇到多个障碍物时的轨迹
(c) 牵制节点个数
(d) 速度误差

图 4.6　具有障碍物的 25 个智能体的蜂拥控制模拟结果

本章小结

本章提出了一种新的动态牵制蜂拥控制算法，使智能群体跟随伪领导者达到蜂拥状态，并且将每个智能体的动力学方程扩展为更一般形式的二阶系统. 在本章所提出的蜂拥控制算法中，首先，从整个多智能体系统中选择评价指标最低的智能体作为多智能体系统的伪领导者；然后，在每个拓扑切换时刻，把除去伪领导者以外的多智能体系统网络分成若干个连通子网络；最后，在每个连通子网络中选择评价指标最低的节点作为牵制节点，使其能够直接收到伪领导者的反馈信息，从而实现蜂拥控制. 同时，本章给出了算法的稳定性分析，并得到所有智能体的速度逐渐达到一致且智能体之间不会发生碰撞结论. 此外，本章把动态牵制蜂拥控制算法扩展到具有障碍物的情况，并给出了数值模拟结果，进一步证实了算法的有效性.

第 5 章　多智能体系统动态牵制一致性控制算法及其扩展

本章考虑了具有切换拓扑结构的多智能体系统的一致性控制问题，使用一般线性系统表示每个智能体的运动方程. 本章从 n 个智能体中选择一个智能体作为群体领导者，称为真实领导者，并假设该真实领导者不受周围智能体的影响，因此，本章所提出的一致性控制算法也可以称为领导者跟随者模型一致性控制算法. 文献[99-103]中考虑了固定拓扑结构的一致性控制算法，但是每个智能体都在不断更新自己的状态，故智能体之间的关系也会发生变化，多智能体网络会存在不连通的情况. 为了解决网络不连通的问题，本章依然采用动态牵制策略，在不假设多智能体网络连通或不使用无穷大的人工势函数保持网络连通的情况下，解决多智能体系统一致性控制问题. 本章利用 Lyapunov 函数分析了一致性控制算法的稳定性并保证多智能体系统能够逐渐达到一致状态. 此外，对一致性控制算法进行了扩展以解决编队控制问题. 扩展以后的算法在网络不连通的情况下依然能有效解决编队控制问题. 最后，给出了一些模拟实验结果验证了算法的有效性.

5.1　问题阐述

考虑具有一般系统的 n 个智能体，每个智能体的运动方程表示为

$$\dot{x}_i(t)=\boldsymbol{X}x_i(t)+\boldsymbol{Y}u_i(t),\quad i=1,2,\cdots,n, \tag{5.1}$$

其中，$x_i=[x_{i1},x_{i2},\cdots,x_{ip}]^{\mathrm{T}}\in\mathbf{R}^p$ 是智能体 i 的状态向量，$u_i\in\mathbf{R}^m$ 是智能体 i 的控制输入，$\boldsymbol{X},\boldsymbol{Y}$ 表示常量状态矩阵.

假设 5.1　对于每个智能体，$(\boldsymbol{X},\boldsymbol{Y})$ 是可控的.

本章考虑具有切换拓扑结构的多智能体网络，但是智能体没有位置信息和速度信息的概念，因此，将每个智能体在时刻 t 的邻域重新定义为如下形式：

$$N_i(t)=\{j\in V\mid \|\tilde{x}_i(t)-\tilde{x}_j(t)\|<r,j\neq i\}, \tag{5.2}$$

其中，$\|\cdot\|$是欧几里得范数，r是智能体的感应半径. 每个智能体的邻域$N_i(t)$可以看作是时间t的函数，且多智能体网络的变化规则定义如下：

(1) 初始网络为$E(0)=\{(i,j)\mid 0<\|\tilde{x}_i(0)-\tilde{x}_j(0)\|,i,j\in V\}$；

(2) 如果$(i,j)\notin E(t_-)$且$\|\tilde{x}_i(t)-\tilde{x}_j(t)\|<r$，则在$E(t)$中加入新边$(i,j)$；

(3) 如果$(i,j)\in E(t_-)$且$\|\tilde{x}_i(t)-\tilde{x}_j(t)\|\geqslant r$，则从$E(t)$中删除边$(i,j)$，

其中，$\tilde{x}_i=(x_{i1},x_{i2},\cdots,x_{iq})\in\mathbf{R}^q$表示由状态向量$x_i$中前$q(q\leqslant p)$个元素构成的向量.

在n个智能体中随机选择一个智能体作为群体的领导者并且假设它不会受到周围智能体的影响. 由于该领导者是真实存在的，故在本章中称其为真实领导者. 为了方便区分真实领导者与普通智能体，将真实领导者的下标标记为1. 因此，将它的控制输入设为$u_1=\mathbf{0}$，它的运动方程表示为

$$\dot{x}_1(t)=\mathbf{X}x_1(t) \tag{5.3}$$

定义5.1　对于多智能体系统〔式(5.1)〕和〔式(5.3)〕，如果存在合适的控制输入u_i使得

$$\lim_{t\to\infty}\|x_i(t)-x_1(t)\|=0,\quad i=2,\cdots,n, \tag{5.4}$$

则称多智能体系统达到一致状态.

5.2　具有一般二阶模型的多智能体系统一致性控制算法

本节详细介绍了具有一般模型的多智能体系统动态牵制一致性控制算法. 在本章中，假设有一个真实领导者且只有一小部分智能体能够直接收到真实领导者的反馈信息，这些智能体称为牵制节点〔图5.1(a)中的实心圆点表示牵制节点〕，其他的智能体称为非牵制节点〔图5.1(a)中的空心圆点表示非牵制节点〕.

由于拓扑结构的变化，在多智能体网络状态一致的过程中，在某些拓扑切换时刻网络可能会断开，从而整个多智能体系统可能不会达到一致状态. 为了解决这种情况，本章依然采用动态牵制策略，在每个拓扑切换时刻，把整个智能体网络分成若干个连通子网络，从除去真实领导者所在的连通子网络以外的每个连通子网络中分别选择度最大的节点作为牵制节点，而这些牵制节点能够收到真实领导者的反馈信息. 因此，重新分组以后不会再有第二类非牵制节点，即所有节点都能够

直接或间接地收到真实领导者的反馈信息,从而能够实现所有智能体网络连通.在本章的动态牵制策略中,真实领导者所在的连通子网络不选择牵制节点,如图5.1所示,原因是虽然假设真实领导者不受周围智能体的影响,但是周围智能体可以受到真实领导者的影响,即周围智能体可以通过它们的感应半径收到真实领导者的信息,因此,真实领导者所在的连通子网络无须选择牵制节点也可直接或间接地知道真实领导者的信息.因此,当整个智能体网络连通的时候就不用再选择牵制节点.

在图5.1(b)中,实线代表智能体之间的邻域关系,正方形表示真实领导者,三角形表示重新分组以后的新牵制节点,虚线表示断开的边,曲线表示牵制节点与真实领导者之间的关系,点划线表示新的牵制节点和真实领导者之间的关系.在图5.1(b)中,一个节点也可以看作是一个子网络,即子网络A;子网络B是从另一个子网络中分出来的;子网络C是由不同的子网络中出来的节点通过重新连接构成的.在动态牵制策略中,从每个连通子网络中选择度最大的节点作为牵制节点,这样做的原因是,在复杂网络中,度是一个刻画节点影响力的重要标准,并且度是很容易测量的.这也是与文献[24]做法不同的地方.重新分组以后,在两个连续拓扑切换时刻之间,所有子网络都是连通的,并且每个子网络的拓扑结构是不变的.

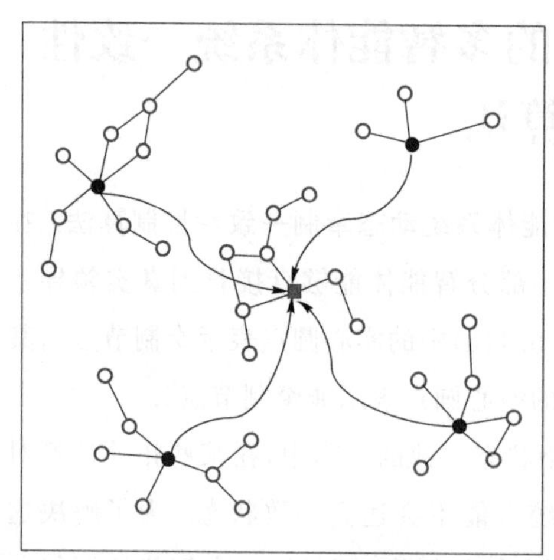
(a) 切换之前的拓扑结构

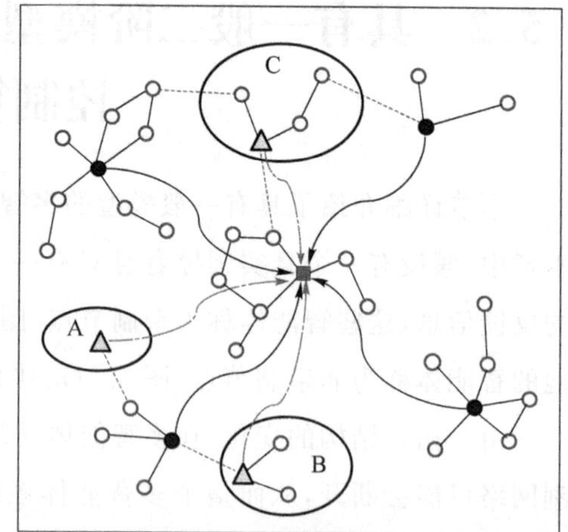

(b) 切换之后的拓扑结构

图5.1 真实领导者动态牵制示意图

由于本书提出的几种蜂拥控制算法分别解决了不同情形下的蜂拥控制问题，因此，根据各个算法的要求，所用到的动态牵制策略也稍有不同. 下面我们来总结一下本书用到的几种动态牵制策略. 本书共用到3种不同的动态牵制策略，它们分别是第2章和第3章中针对具有虚拟领导者的动态牵制策略（策略1），第4章中针对伪领导者的动态牵制策略（策略2）和本章用到的针对具有真实领导者的动态牵制策略（策略3）. 这3种策略有如下两个不同点：①在划分整个智能体网络方面，策略1和策略3把整个智能体网络分成若干个连通子网络，而策略2的做法是将除去伪领导者以外的智能体网络划分成若干个连通子网络；②在选择牵制节点方面，策略1从每个连通子网络中选择度最大的节点作为牵制节点，策略2从每个连通子网络中选择评价指标最低的节点作为牵制节点，而策略3从除去真实领导者（真实领导者是多智能体的一员）所在的连通子网络以外的每个子网络中选择度最大的节点作为牵制节点.

本章提出的多智能体系统动态牵制一致性控制算法的目的是使多智能体系统〔式(5.1)〕能够达到一致状态. 每个智能体 i 的控制输入定义如下：

$$u_i = c\boldsymbol{K}\left[\sum_{j=1}^{n} a_{ij}(t)(x_i - x_j) + h_i(t)d(x_i - x_0)\right], \tag{5.5}$$

其中，$i=2,3,\cdots,n$，$d>0$. 如果第 i 个智能体是牵制节点，则 $h_i(t)=1$；否则 $h_i(t)=0$. $\boldsymbol{K}=-\boldsymbol{Y}^{\mathrm{T}}\boldsymbol{P}^{-1}$ 是反馈增益矩阵，$\boldsymbol{P}>0$ 是线性矩阵不等式〔式(5.6)〕的一个解

$$\boldsymbol{XP}+\boldsymbol{PX}^{\mathrm{T}}-2\boldsymbol{YY}^{\mathrm{T}}<0. \tag{5.6}$$

智能体 i 和智能体 j 的邻接加权系数 $a_{ij}(t)$ 的定义如下：

$$a_{ij}(t)=\begin{cases}\rho_\mu\left(\dfrac{\|\tilde{x}_i-\tilde{x}_j\|}{r}\right), & i\neq j,\\ 0, & i=j,\end{cases} \tag{5.7}$$

其中，$\rho_\mu(z)$ 的表达式由式(1.15)给出.

因此，把式(5.5)代入式(5.1)，得到多智能体系统的运动方程如下：

$$\begin{cases}\dot{x}_1(t) = \boldsymbol{X}x_1(t),\\ \dot{x}_i(t) = \boldsymbol{X}x_i(t) + \\ \qquad c\boldsymbol{YK}\left[\sum_{j=1}^{n} a_{ij}^{g}(t)(x_i - x_j) + h_i(t)d(x_i - x_0)\right], \quad i = 2,3,\cdots,n.\end{cases} \tag{5.8}$$

本章所提出的具有一般线性系统〔式(5.1)〕的多智能体系统动态牵制一致性

控制算法的步骤如下.

(1) 初始化所有参数和每个智能体的状态 $x_i(0), i=1,2,\cdots,n$,并求线性矩阵不等式〔式(5.6)〕的解 $\boldsymbol{P}>0$. 设初始时间 $t=0$.

(2) 在每个拓扑切换时刻,把整个智能体网络分成 $l(t)$ 个连通子网络.

(3) 从每个连通子网络中选择度最大的节点作为牵制节点(真实领导者所在的子网络不选择牵制节点).

(4) 在每个牵制节点和真实领导者之间加一个虚拟连接,即牵制节点能够收到真实领导者的反馈信息.

(5) 在每个 t 时刻,用式(5.5)更新所有智能体的状态向量.

(6) 如果所有智能体的速度变成一致且与真实领导者的速度一样或者达到最大的迭代次数,算法终止,否则设 $t=t+\Delta t$ 且进行(7).

(7) 搜索整个网络,在时刻 t,一个智能体的邻域关系发生变化包括如下几种情形:①如果有第二类非牵制节点出现或者一些在 $t-\Delta t$ 时刻断开的子网络在 t 时刻构成了新的子网络,则回到(2);②如果以上两种情况都没有出现,则回到(3);③如果 t 时刻的拓扑结构与 $t-\Delta t$ 时刻的拓扑结构一样,则回到(5).

5.3 算法的稳定性分析

下面采用矩阵论和代数图论[115-120,122]分析算法的稳定性. 多智能体跟随一个具有 $u_1=0$ 的真实领导者达到状态一致的主要结论如下.

定理 5.1 考虑包含 n 个智能体的系统,每个智能体的运动方程由式(5.1)给出,并且用式(5.5)控制每个智能体 $i, i=2,3,\cdots,n$. 如果假设 5.1 成立且在每个拓扑切换时刻 $c\lambda_1^{\min}\geqslant 1$,其中,$\lambda_1^{\min}=\min\{\lambda_1^k \mid 1\leqslant k\leqslant l(t)\}$ 和 λ_1^k 是矩阵 $\boldsymbol{L}_k(t)+\boldsymbol{\Xi}_k(t)+d\boldsymbol{H}_k(t)$ 的最小特征值,则所有智能体的状态与真实领导者的状态达到一致.

证明:设 $e_i=x_i-x_1, i=2,\cdots,n$ 为每个智能体的状态误差,则将每个智能体控制输入〔式(5.5)〕代入式(5.1)中并结合其状态误差,可以将每个智能体的动力学方程改写为

$$\dot{e}_i = \boldsymbol{X}e_i + c\boldsymbol{YK}\Big(\sum_{j=1}^{n} a_{ij}(t)(e_i-e_j)+h_i(t)de_i\Big). \tag{5.9}$$

考虑系统的 Lyapunov 函数

$$V(t) = \sum_{i=2}^{n} e_i^{\mathrm{T}}\boldsymbol{P}^{-1}e_i. \tag{5.10}$$

对总能量函数 $V(t)$ 求关于时间 t 的导数,可以得到

$$\begin{aligned}
\dot{V} &= 2\sum_{i=2}^{n} e_i^{\mathrm{T}}\boldsymbol{P}^{-1}\dot{e}_i \\
&= 2\sum_{i=2}^{n} e_i^{\mathrm{T}}\boldsymbol{P}^{-1}\boldsymbol{X}e_i + c\boldsymbol{YK}\Big(\sum_{j=2}^{n} a_{ij}(t)(e_i - e_j) + a_{i1}(t)e_i + h_i(t)de_i\Big) \\
&= 2\sum_{i=2}^{n} e_i^{\mathrm{T}}\boldsymbol{P}^{-1}\boldsymbol{X}e_i + 2c\sum_{i=2}^{n} e_i^{\mathrm{T}}\boldsymbol{P}^{-1}\boldsymbol{YK}\Big[\sum_{j=2}^{n} a_{ij}(t)(e_i - e_j) + a_{i1}(t)e_i + h_i(t)de_i\Big].
\end{aligned} \tag{5.11}$$

设 $\tilde{e}_i=\boldsymbol{P}^{-1}e_i$ 和 $\tilde{e}=[\tilde{e}_2^{\mathrm{T}},\cdots,\tilde{e}_n^{\mathrm{T}}]^{\mathrm{T}}$. 把 $\boldsymbol{K}=-\boldsymbol{Y}^{\mathrm{T}}\boldsymbol{P}^{-1}$ 代入式(5.11)中,可以得到

$$\begin{aligned}
\dot{V} = &\sum_{i=2}^{n}\tilde{e}_i^{\mathrm{T}}(\boldsymbol{XP}+\boldsymbol{PX}^{\mathrm{T}})\tilde{e}_i - \\
&2c\Big[\sum_{i=2}^{n}\sum_{j=2}^{n} l_{ij}(t)\tilde{e}_i^{\mathrm{T}}\boldsymbol{YY}^{\mathrm{T}}\tilde{e}_j + \sum_{i=2}^{n}(a_{i1}(t)+h_i(t)d)\tilde{e}_i^{\mathrm{T}}\boldsymbol{YY}^{\mathrm{T}}\tilde{e}_i\Big] \\
= &\tilde{e}^{\mathrm{T}}[\boldsymbol{I}_{n-1}\otimes(\boldsymbol{XP}+\boldsymbol{PX}^{\mathrm{T}}) - 2c(\overline{\boldsymbol{L}}(t)+\overline{\boldsymbol{\Xi}}(t)+d\overline{\boldsymbol{H}}(t))\otimes\boldsymbol{YY}^{\mathrm{T}}]\tilde{e},
\end{aligned} \tag{5.12}$$

其中,$\overline{\boldsymbol{H}}(t)=\mathrm{diag}(h_2(t),h_3(t),\cdots,h_n(t))\in\mathbf{R}^{(n-1)\times(n-1)}$,$\boldsymbol{I}_{n-1}$ 是 $n-1$ 阶的单位矩阵. $\overline{\boldsymbol{L}}(t)\in\mathbf{R}^{(n-1)\times(n-1)}$ 是 $\overline{G}(t)$ 网络对应的 Laplacian 矩阵,$\overline{G}(t)$ 是除去真实领导者以外的智能体构成的网络,$\overline{\boldsymbol{\Xi}}(t)=\mathrm{diag}[a_{21}(t),a_{31}(t),\cdots,a_{n1}(t)]\in\mathbf{R}^{(n-1)\times(n-1)}$.

假设 $\overline{G}(t)$ 有 $l(t)$ 个连通子网络,并且每个子网络有 $\rho_k(t),k=1,2,\cdots,l(t)$ 个智能体. 对于任何 $t\geqslant 0$ 时刻,总存在正交转换矩阵 $\boldsymbol{Q}(t)\in\mathbf{R}^{(n-1)\times(n-1)}$ 使得 $\overline{\boldsymbol{L}}(t)+\overline{\boldsymbol{\Xi}}(t)+d\overline{\boldsymbol{H}}(t)$ 可以转换成如下分块对角矩阵的形式:

$$\begin{aligned}
\breve{\boldsymbol{L}}(t)+\breve{\boldsymbol{\Xi}}(t)+d\breve{\boldsymbol{H}}(t) &= \boldsymbol{Q}(t)(\overline{\boldsymbol{L}}(t)+\overline{\boldsymbol{\Xi}}(t)+d\overline{\boldsymbol{H}}(t))\boldsymbol{Q}(t)^{\mathrm{T}} \\
&= \mathrm{diag}(\boldsymbol{L}_1(t)+\boldsymbol{\Xi}_1(t)+d\boldsymbol{H}_1(t),\boldsymbol{L}_2(t)+\boldsymbol{\Xi}_2(t)+ \\
&\quad d\boldsymbol{H}_2(t),\cdots,\boldsymbol{L}_{l(t)}(t)+\boldsymbol{\Xi}_{l(t)}(t)+d\boldsymbol{H}_{l(t)}(t)),
\end{aligned} \tag{5.13}$$

其中,$\boldsymbol{L}_k(t)\in\mathbf{R}^{\rho_k(t)\times\rho_k(t)},k=1,2,\cdots,l(t)$ 是第 k 个连通子网络对应的 Laplacian 矩阵,$\boldsymbol{\Xi}_k(t)$ 是对角矩阵,如果第 $i,1\leqslant i\leqslant\rho_k(t)$ 个智能体能感知真实领导者,则 $\boldsymbol{\Xi}_k(t)$ 的第 i 个对角元素是 1,否则 $\boldsymbol{\Xi}_k(t)$ 的第 i 个对角元素是 0. 如果第 $i,1\leqslant i\leqslant\rho_k(t)$ 个智能体是牵制节点,则 $\boldsymbol{H}_k(t)$ 的第 i 个对角元素是 1,否则 $\boldsymbol{H}_k(t)$ 的第 i 个对角元素是 0. 根据动态牵制策略,一个智能体不会同时既是牵制节点又能感知真实领导者,所以矩阵 $\boldsymbol{\Xi}_k(t)$ 和 $\boldsymbol{H}_k(t)$ 不相等. 可以重新排列状态误差的下标,使得

$$\breve{e}=[\tilde{e}^{1\mathrm{T}},\tilde{e}^{2\mathrm{T}},\cdots,\tilde{e}^{l(t)\mathrm{T}}]^{\mathrm{T}}=\boldsymbol{Q}(t)\tilde{e},$$

其中,$\tilde{e}^k=[\tilde{e}_1^{k\mathrm{T}},\cdots,\tilde{e}_{\rho_k(t)}^{k\mathrm{T}}]^{\mathrm{T}}$ 是第 k 个连通子网络中 $\rho_k(t)$ 个智能体的状态误差. 因

此,可以得到

$$\breve{e}^{\mathrm{T}}(\boldsymbol{I}_{n-1}\otimes(\boldsymbol{XP}+\boldsymbol{PX}^{\mathrm{T}}))\breve{e}=(\boldsymbol{Q}(t)\tilde{e})^{\mathrm{T}}[\boldsymbol{I}_{n-1}\otimes(\boldsymbol{XP}+\boldsymbol{PX}^{\mathrm{T}})]\boldsymbol{Q}(t)\tilde{e}$$
$$=\tilde{e}^{\mathrm{T}}\boldsymbol{Q}^{\mathrm{T}}(t)[\boldsymbol{I}_{n-1}\otimes(\boldsymbol{XP}+\boldsymbol{PX}^{\mathrm{T}})]\boldsymbol{Q}(t)\tilde{e}$$
$$=\tilde{e}^{\mathrm{T}}(\boldsymbol{I}_{n-1}\otimes(\boldsymbol{XP}+\boldsymbol{PX}^{\mathrm{T}}))\tilde{e},\tag{5.14}$$

和

$$\breve{e}^{\mathrm{T}}((\breve{\boldsymbol{L}}(t)+\breve{\boldsymbol{\Xi}}(t)+d\breve{\boldsymbol{H}}(t))\otimes\boldsymbol{YY}^{\mathrm{T}})\breve{e}$$
$$=(\boldsymbol{Q}(t)\tilde{e})^{\mathrm{T}}[(\breve{\boldsymbol{L}}(t)+\breve{\boldsymbol{\Xi}}(t)+d\breve{\boldsymbol{H}}(t))\otimes\boldsymbol{YY}^{\mathrm{T}}]\boldsymbol{Q}(t)\tilde{e}$$
$$=\tilde{e}^{\mathrm{T}}\boldsymbol{Q}^{\mathrm{T}}(t)[(\breve{\boldsymbol{L}}(t)+\breve{\boldsymbol{\Xi}}(t)+d\breve{\boldsymbol{H}}(t))\otimes\boldsymbol{YY}^{\mathrm{T}}]\boldsymbol{Q}(t)\tilde{e}$$
$$=\tilde{e}^{\mathrm{T}}((\overline{\boldsymbol{L}}(t)+\overline{\boldsymbol{\Xi}}(t)+d\overline{\boldsymbol{H}}(t))\otimes\boldsymbol{YY}^{\mathrm{T}})\tilde{e}.\tag{5.15}$$

因此,把式(5.14),式(5.15)代入式(5.12)后得到

$$\dot{V}=\breve{e}^{\mathrm{T}}[\boldsymbol{I}_{n-1}\otimes(\boldsymbol{XP}+\boldsymbol{PX}^{\mathrm{T}})-2c(\breve{\boldsymbol{L}}(t)+\breve{\boldsymbol{\Xi}}(t)+d\breve{\boldsymbol{H}}(t))\otimes\boldsymbol{YY}^{\mathrm{T}}]\breve{e}$$
$$=\sum_{k=1}^{l(t)}\tilde{e}^{k\mathrm{T}}[\boldsymbol{I}_{\rho_k(t)}\otimes(\boldsymbol{XP}+\boldsymbol{PX}^{\mathrm{T}})-2c(\boldsymbol{L}_k(t)+\boldsymbol{\Xi}_k(t)+d\boldsymbol{H}_k(t))\otimes\boldsymbol{YY}^{\mathrm{T}}]\tilde{e}^k.\tag{5.16}$$

根据本章的动态牵制策略和引理 1.1,可以得到

$$\boldsymbol{L}_k(t)+\boldsymbol{\Xi}_k(t)+d\boldsymbol{H}_k(t),\quad k=1,2,\cdots,l(t)$$

是正定的. 设 $\boldsymbol{U}_k(t)\in\mathbf{R}^{\rho_k(t)\times\rho_k(t)}$ 是一个正交矩阵,使得

$$\boldsymbol{U}_k^{\mathrm{T}}(t)(\boldsymbol{L}_k(t)+\boldsymbol{\Xi}_k(t)+d\boldsymbol{H}_k(t))\boldsymbol{U}_k(t)$$
$$=\boldsymbol{\Lambda}_k=\mathrm{diag}(\lambda_1^k,\lambda_2^k,\cdots,\lambda_{\rho_k(t)}^k),\quad k=1,2,\cdots,l(t).$$

其中,$\lambda_1^k\leqslant\lambda_2^k\leqslant\cdots\leqslant\lambda_{\rho_k(t)}^k$ 是矩阵 $\boldsymbol{L}_k(t)+\boldsymbol{\Xi}_k(t)+d\boldsymbol{H}_k(t)$ 的特征值. 再令 $\boldsymbol{\xi}^k=[\xi_1^{k\mathrm{T}},\xi_2^{k\mathrm{T}},\cdots,\xi_{\rho_k(t)}^{k\mathrm{T}}]^{\mathrm{T}}=(\boldsymbol{U}_k^{\mathrm{T}}\otimes\boldsymbol{I}_p)\tilde{e}^k$,则

$$\boldsymbol{\xi}^{k\mathrm{T}}(\boldsymbol{I}_{\rho_k(t)}\otimes(\boldsymbol{XP}+\boldsymbol{PX}^{\mathrm{T}}))\boldsymbol{\xi}^k=(\boldsymbol{U}_k\tilde{e}^k)^{\mathrm{T}}[\boldsymbol{I}_{\rho_k(t)}\otimes(\boldsymbol{XP}+\boldsymbol{PX}^{\mathrm{T}})]\boldsymbol{U}_k\tilde{e}^k$$
$$=\tilde{e}^{k\mathrm{T}}\boldsymbol{U}_k^{\mathrm{T}}[\boldsymbol{I}_{\rho_k(t)}\otimes(\boldsymbol{XP}+\boldsymbol{PX}^{\mathrm{T}})]\boldsymbol{U}_k\tilde{e}^k$$
$$=\tilde{e}^{k\mathrm{T}}(\boldsymbol{I}_{\rho_k(t)}\otimes(\boldsymbol{XP}+\boldsymbol{PX}^{\mathrm{T}}))\tilde{e}^k.\tag{5.17}$$

类似地,可以得到

$$\boldsymbol{\xi}^{k\mathrm{T}}(\boldsymbol{\Lambda}_k\otimes\boldsymbol{YY}^{\mathrm{T}})\boldsymbol{\xi}^k=(\boldsymbol{U}_k\tilde{e}^k)^{\mathrm{T}}[\boldsymbol{\Lambda}_k\otimes\boldsymbol{YY}^{\mathrm{T}}](\boldsymbol{U}_k\tilde{e}^k)$$
$$=\tilde{e}^{k\mathrm{T}}\boldsymbol{U}_k^{\mathrm{T}}[\boldsymbol{U}_k^{\mathrm{T}}(\boldsymbol{L}_k(t)+\boldsymbol{\Xi}_k(t)+d\boldsymbol{H}_k(t))\boldsymbol{U}_k\otimes\boldsymbol{YY}^{\mathrm{T}}]\boldsymbol{U}_k\tilde{e}^k$$
$$=\tilde{e}^{k\mathrm{T}}((\boldsymbol{L}_k(t)+\boldsymbol{\Xi}_k(t)+d\boldsymbol{H}_k(t))\otimes\boldsymbol{YY}^{\mathrm{T}})\tilde{e}^k.\tag{5.18}$$

把式(5.17),式(5.18)代入式(5.16)中,可以得到

$$\dot{V}=\sum_{k=1}^{l(t)}\boldsymbol{\xi}^{kT}[\boldsymbol{I}_{\rho_k(t)}\otimes(\boldsymbol{XP}+\boldsymbol{PX}^{\mathrm{T}})-2c\boldsymbol{\Lambda}_k\otimes\boldsymbol{YY}^{\mathrm{T}}]\boldsymbol{\xi}^k$$

$$=\sum_{k=1}^{l(t)}\sum_{j=1}^{\rho_k(t)}\xi_j^{kT}(\boldsymbol{XP}+\boldsymbol{PX}^{\mathrm{T}}-2c\lambda_j^k\boldsymbol{YY}^{\mathrm{T}})\xi_j^k. \tag{5.19}$$

通过选择充分大的 c 使得在每个拓扑切换时刻 $c\lambda_1^{\min}\geqslant 1$,其中,$\lambda_1^{\min}=\min\{\lambda_1^k\mid 1\leqslant k\leqslant l(t)\}$. 根据不等式(5.6)可以得到

$$\boldsymbol{XP}+\boldsymbol{PX}^{\mathrm{T}}-2c\lambda_j^k\boldsymbol{YY}^{\mathrm{T}}\leqslant\boldsymbol{XP}+\boldsymbol{PX}^{\mathrm{T}}-2\boldsymbol{YY}^{\mathrm{T}}<0. \tag{5.20}$$

因此 $\dot{V}\leqslant 0$. 对于任意 $c>0$,$\Omega=\{\xi^{\mathrm{T}}\mid V\leqslant c\}$表示总能量函数 V 的水平集. 根据上文中得到的结论与 LaSalle 不变原理[119-120],从 Ω 开始的所有智能体的运动轨迹将会收敛到它的最大不变子集 $S=\{\xi^{\mathrm{T}}\mid\dot{V}=0\}$. $\dot{V}=0$ 说明 $\xi_j^k=0,j=1,2,\cdots,\rho_k(t)$,$k=1,2,\cdots,l(t)$,这意味着 $\tilde{e}^k=0$. 对于所有的连通子网络,当 $t\to\infty$时 $\tilde{e}^k(t)\to 0$,即在每个连通子网络中智能体的状态与真实领导者的状态一致,进而所有智能体的状态达到一致,证毕.

5.4 扩展一致性控制算法解决编队控制问题

本节进一步扩展了一致性控制算法,使其能够解决多智能体系统〔式(5.1)〕的编队控制问题. 扩展的算法不仅可以使多智能体系统保持特定的队形而且可以使整个智能体网络到达某个目的地. $\boldsymbol{F}=(F_1,F_2,\cdots,F_n)\in\mathbf{R}^{p\times n}$表示多智能体系统需要保持的特定编队模式,其中 $F_i\in\mathbf{R}^p$ 是智能体 i 的参考状态向量,则 F_i-F_j 可以表示智能体 i 和智能体 j 之间的相对状态向量. 此外,假设每个智能体 i 都可以得到它自己的参考状态向量. 对于任意给定的初始状态,如果式(5.21)成立,则称多智能体系统达到编队控制目的.

$$\lim_{t\to\infty}((x_i(t)-x_j(t))-(F_i-F_j))=0,\quad i,j=1,2,\cdots,n. \tag{5.21}$$

从编队控制的定义可以看出,当 $\boldsymbol{F}\equiv\boldsymbol{0}$ 时式(5.21)成立,则称多智能体系统〔式(5.1)〕达到一致状态. 因此,一致性控制问题是编队控制问题的特殊例子.

为了达到编队控制目的,多智能体系统〔式(5.1)〕中的每个智能体的控制输入定义如下:

$$\begin{cases}\dot{x}_1(t)=\boldsymbol{X}(x_1(t)-F_1),\\ \dot{x}_i(t)=\boldsymbol{X}(x_i(t)-F_i)+\\ \qquad c\boldsymbol{YK}\Big[\sum_{j=1}^{n}a_{ij}(t)((x_i(t)-F_i)-(x_j(t)-F_j))+\\ \qquad h_i(t)d((x_i(t)-F_i)-(x_1(t)-F_1))\Big],\quad i=2,3,\cdots,n,\end{cases}\tag{5.22}$$

其中,$d>0$,如果智能体 i 是牵制节点,则 $h_i(t)=1$;否则 $h_i(t)=0$. 其他参数设置与一致性控制算法相同.

通过简单的变量替换 $\chi_i(t)=x_i(t)-F_i, i=1,2,\cdots,n$,动力学方程〔式(5.22)〕可以改写为

$$\begin{cases}\dot{\chi}_1(t)=\boldsymbol{X}\chi_1(t),\\ \dot{\chi}_i(t)=\boldsymbol{X}\chi_i(t)+c\boldsymbol{YK}\Big[\sum_{j=1}^{n}a_{ij}^{g}(t)(\chi_i(t)-\chi_j(t))+h_i(t)d(\chi_i(t)-\chi_1(t))\Big],\\ \qquad i=2,3,\cdots,n.\end{cases}\tag{5.23}$$

式(5.23)与一致性控制算法的动力学方程〔式(5.8)〕相同,故可以得到以下结论.

定理 5.2 考虑包含 n 个智能体的系统,每个智能体的运动方程由式(5.1)给出,并且用输入〔式(5.22)〕控制每个智能体 $i, i=2,3,\cdots,n$. 如果假设 5.1 成立且在每个拓扑切换时刻 $c\lambda_1^{\min}\geqslant 1$,其中,$\lambda_1^{\min}=\min\{\lambda_1^k \mid 1\leqslant k\leqslant l(t)\}$,$\lambda_1^k$ 是矩阵 $\boldsymbol{L}_k(t)+\boldsymbol{\Xi}_k(t)+d\boldsymbol{H}_k(t)$ 的最小特征值,则所有智能体可以保持特定队形且以与真实领导者相同的速度移动.

证明:设 $e_i=\chi_i-\chi_1, i=2,\cdots,n$ 为每个智能体的状态误差,则将每个智能体的控制输入〔式(5.23)〕代入式(5.1)中并结合其状态误差,将每个智能体的动力学方程改写为

$$\dot{e}_i=\boldsymbol{X}e_i+c\boldsymbol{YK}\Big(\sum_{j=1}^{n}a_{ij}(t)(e_i-e_j)+h_i(t)de_i\Big).\tag{5.24}$$

考虑系统的 Lyapunov 函数

$$V(t)=\sum_{i=1}^{n}e_i^{\mathrm{T}}\boldsymbol{P}^{-1}e_i.\tag{5.25}$$

证明的剩余部分与定理 5.1 的证明类似,在此省略.

5.5 数值模拟结果与讨论

5.5.1 一致性控制算法数值模拟

本小节给出了数值模拟结果来验证本章提出的一致性控制算法的有效性. 本小节模拟了 30 个智能体在控制输入〔式(5.5)〕的影响下在二维平面上运动的情况. 多智能体系统的运动方程由式(5.1)给出,两个常量矩阵的定义如下:

$$x_i=\begin{bmatrix}x_{i1}\\x_{i2}\\x_{i3}\\x_{i4}\end{bmatrix},\quad \boldsymbol{X}=\begin{bmatrix}0&0&1&0\\0&0&0&1\\0&0&0&2\omega_0\\0&3\omega_0^2&-2\omega_0&0\end{bmatrix},\quad \boldsymbol{Y}=\begin{bmatrix}0&0\\0&0\\1&0\\0&1\end{bmatrix},$$

其中,$\omega_0=0.015$.

显然,$(\boldsymbol{X},\boldsymbol{Y})$是可控的. 在智能体的状态向量中,$(x_{i1},x_{i2})$可以定义为智能体 i 的位置向量,(x_{i3},x_{i4})可以定义为智能体 i 的速度向量. 用 Matlab 中的线性矩阵不等式求解 LMI(5.6)的一个值,得到

$$\boldsymbol{P}=\begin{bmatrix}2.0050&0&-0.6681&-0.02\\0&2.0041&0.0201&-0.6681\\-0.6681&0.0201&0.6687&0\\-0.02&-0.6681&0&0.6678\end{bmatrix}.$$

则由公式 $\boldsymbol{K}=-\boldsymbol{Y}^{\mathrm{T}}\boldsymbol{P}^{-1}$可以得到控制输入〔式(5.5)〕中的反馈增益矩阵

$$\boldsymbol{K}=\begin{bmatrix}-0.7473&0.0224&-2.2427&0\\-0.0225&-0.7493&0&-2.2477\end{bmatrix}.$$

30 个智能体的初始状态由区间$[0,25]\times[0,25]\times[-1,1]\times[-1,1]$随机生成. 每个智能体的感应半径 $r=4$,控制系数 $d=3$,在式(5.5)中,选择 $c=3$ 使其满足定理 5.1 中的条件. 将 30 个智能体中的第一个智能体选为真实领导者.

图 5.2(a)给出了 30 个智能体组成的智能体网络的初始拓扑结构,实心圆点表示牵制节点的位置,空心圆点表示非牵制节点的位置,正方形表示真实领导者的位置,直线表示智能体之间的邻域关系,箭头表示智能体的速度方向及大小,可以看出初始网络有很高的不连通性. 图 5.2(b)给出了所有智能体(包括真实领导者)的

运动轨迹. 从该图中我们可以清楚地看出所有智能体的状态一致并且所有智能体以相同的速度移动. 图 5.3(c)给出了本章算法在 30 s 内的牵制节点个数,我们可以很容易地看出牵制节点个数随着时间的增长而减少. 但是在某些时刻会出现牵制节点个数增加的情况,这是因为在智能体网络拓扑演化的过程中出现了新的第二类非牵制节点,为了能够把第二类非牵制节点转换成第一类非牵制节点,需要重新选择牵制节点,这会导致牵制节点个数的增加. 经过一段时间以后,牵制节点个数变成零,这说明整个智能体网络达到连通,因为根据本章的动态牵制策略,当整个多智能体网络达到连通的时候就不会再选择牵制节点了. 图 5.2(d)和图 5.2(e)分别显示了所有智能体与真实领导者之间的位置误差和速度误差,最终,所有智能体的状态都达到一致.

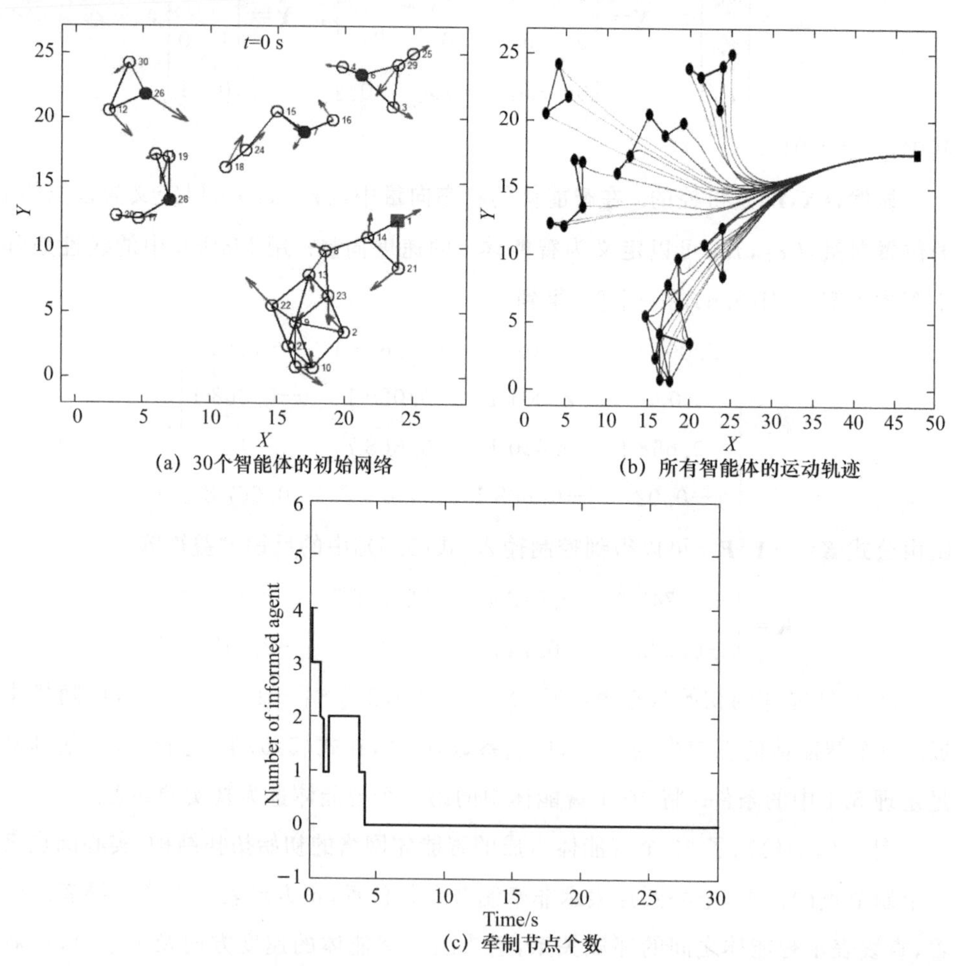

(a) 30个智能体的初始网络　　(b) 所有智能体的运动轨迹

(c) 牵制节点个数

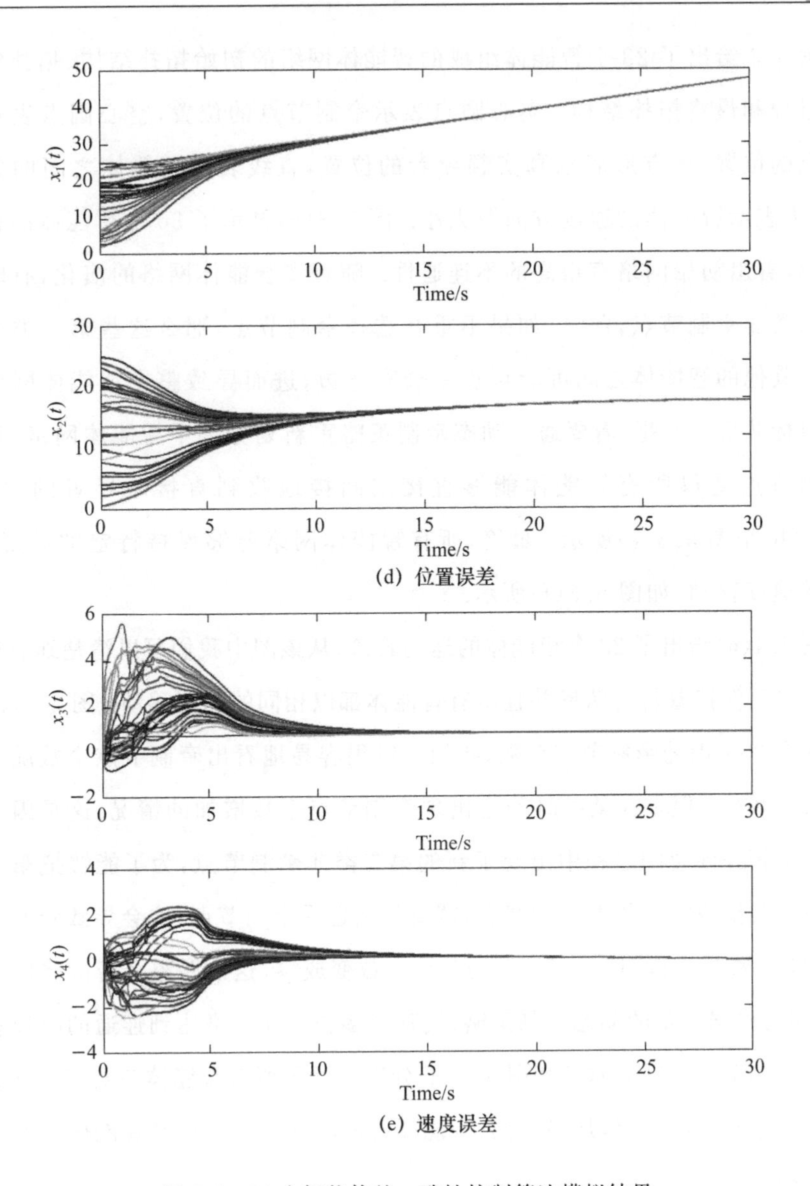

(d) 位置误差

(e) 速度误差

图 5.2　30 个智能体的一致性控制算法模拟结果

5.5.2　编队控制算法数值模拟

本小节给出了数值模拟结果来验证本章提出的编队控制算法的有效性．本小节模拟了 28 个智能体在控制输入〔式(5.22)〕的影响下在二维平面上运动的情况．多智能体系统的运动方程由式(5.1)给出，28 个智能体的初始状态由区间 $[0,25]\times[0,25]\times[-1,1]\times[-1,1]$ 随机产生，其他参数设置与 5.5.1 小节相同．

图 5.3 给出了 28 个智能体组成的智能体网络的初始拓扑结构、拓扑结构的演化过程和最终拓扑结构. 实心圆点表示牵制节点的位置,空心圆点表示非牵制节点的位置,正方形表示真实领导者的位置,直线表示智能体之间的邻域关系,箭头表示智能体的速度方向及大小. 图 5.3(a)显示了 30 个智能体的初始网络,可以看出初始网络有很高的不连通性. 随着多智能体网络的演化,有时会出现第二类非牵制节点,此时,如果不重新选择牵制节点,那么这些第二类非牵制节点与其他的智能体之间可能再也不会有连边,进而导致整个智能体网络不能达到目标队形. 因此,需要通过动态牵制策略重新划分整个智能体网络,重新选择牵制节点使得所有智能体能够直接或间接地收到直接领导者的状态,如图 5.3(b)至图 5.3(e)所示, 最终,所有智能体网络能够保持特定的队形,并以相同的速度移动,如图 5.3(f)所示.

图 5.4(a)给出了 28 个智能体的运动轨迹,从该图中我们可以清楚地看出所有智能体之间保持着特定队形并且所有智能体都以相同的速度移动. 图 5.4(b)给出了算法在 30 s 内的牵制节点个数,我们可以很容易地看出牵制节点个数随着时间的增长而减少. 但是在某些时刻会出现牵制节点个数增加的情况,这是因为在智能体网络拓扑演化的过程中出现了新的第二类非牵制节点,为了能够把第二类非牵制节点转换成第一类非牵制节点,需要重新选择牵制节点,这会导致牵制节点个数的增加. 经过一段时间以后,牵制节点个数变成零,这说明整个智能体网络达到连通,因为根据本章的动态牵制策略,当整个多智能体网络达到连通的时候将不会再选择牵制节点. 图 5.4(c)和图 5.4(d)分别显示了所有智能体与真实领导者之间的位置误差和速度误差,最终,所有智能体的速度都达到一致且智能体之间的距离达到平衡位置.

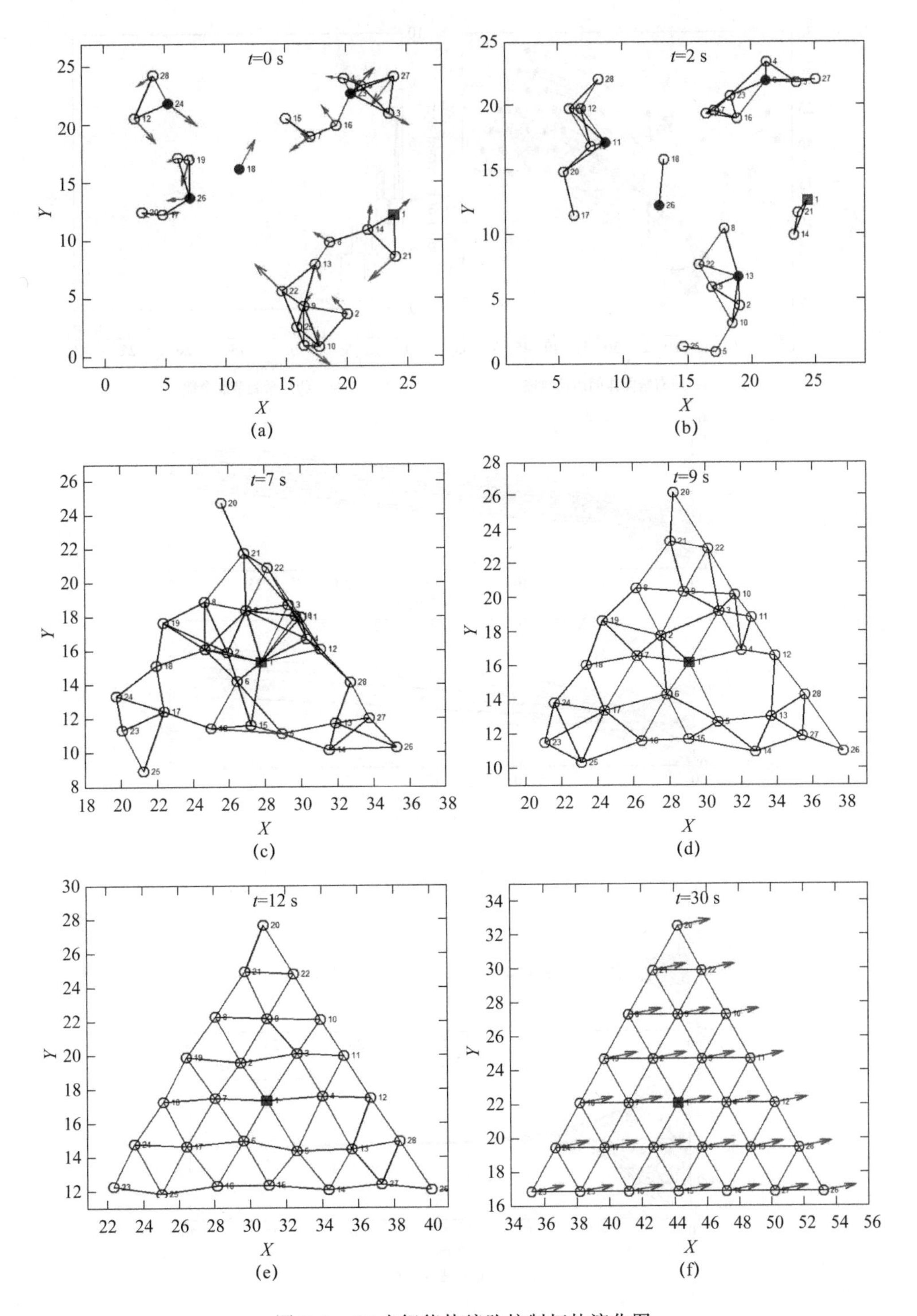

图 5.3 28 个智能体编队控制拓扑演化图

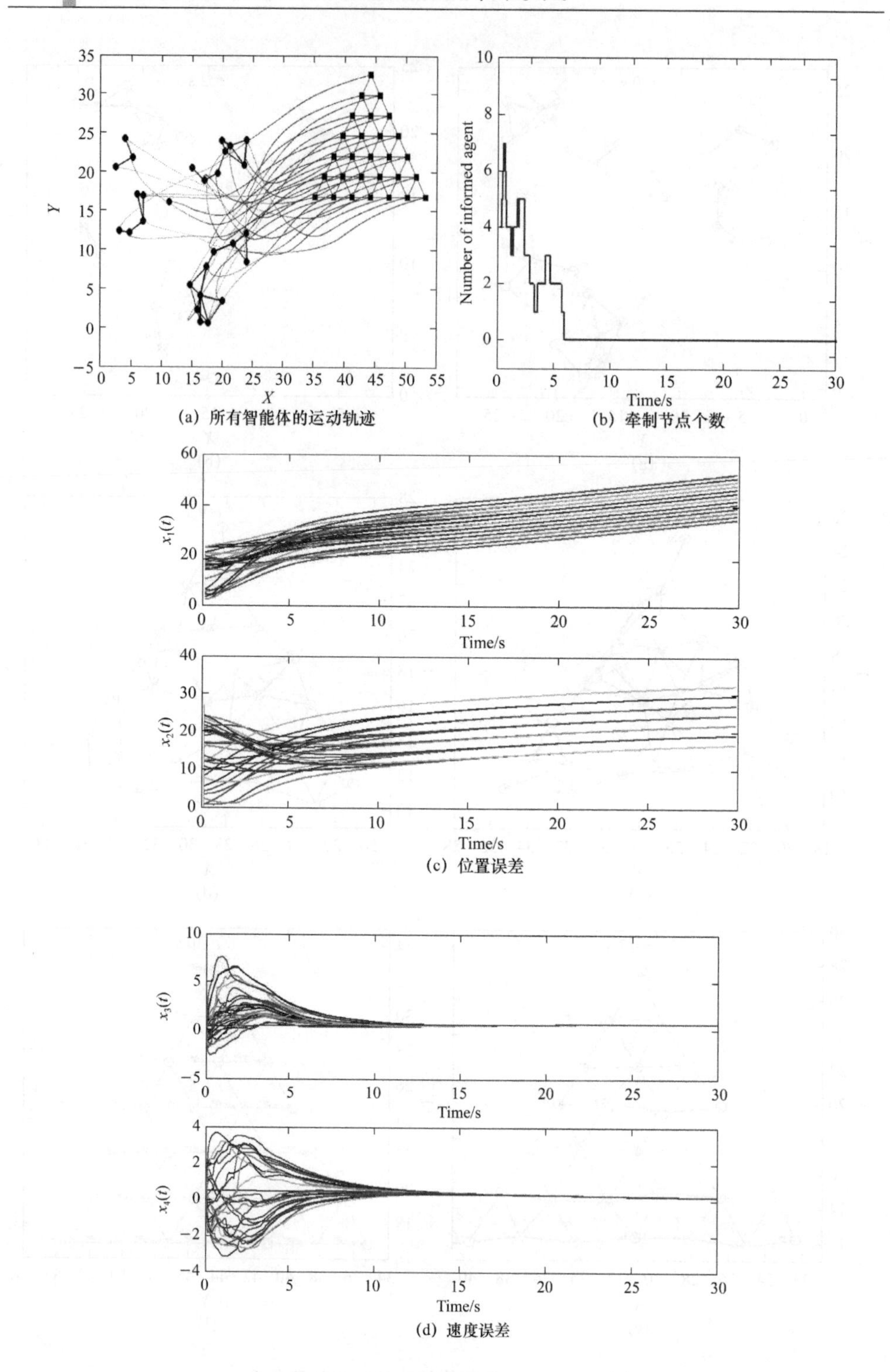

(a) 所有智能体的运动轨迹 (b) 牵制节点个数

(c) 位置误差

(d) 速度误差

图 5.4 28 个智能体的编队控制算法模拟结果

本章小结

本章提出了一种新的动态牵制一致性控制算法以解决具有一般模型的多智能体系统的一致性控制问题，讨论的一致性控制算法可以在不需要假设网络连通或保持网络连通的情况下使多智能体系统达到一致状态. 此外，本章将一致性控制算法进一步扩展，使其能够解决多智能体系统编队控制问题. 根据算法的稳定性分析可以看出，本章的算法可以有效解决多智能体系统的一致性控制问题和编队控制问题. 最后，给出了数值模拟结果，进一步证实了本章算法的有效性.

参考文献

[1] Okubo A. Dynamical aspects of animal grouping: Swarms, schools, flocks, and herds[J]. Advances in Biophysics, 1986, 22: 1-94.

[2] Pitcher T J. Behaviour of teleost fishes [M]. 2nd ed. London: Chapman&Hall, 1993.

[3] Couzin I D, Krause J, Franks N R, et al. Effective leadership and decision-making in animal groups on the move[J]. Nature, 2005, 433(7025): 513-516.

[4] Minsky M. The society of mind[M]. Simon & Schuster, 1988.

[5] Toner J, Tu Y H. Flocks, herds, and schools: A quantitative theory of flocking[J]. Physical Review E, 1998, 58(4): 4828-4858.

[6] Reynolds C W. Flocks, herds and schools: A distributed behavioral model[J]. ACM SIGGRAPH Computer Graphics, 1987, 21(4): 25-34.

[7] 曹新亮. 基于位置信息的混合多智能体蜂拥控制方法[D]. 南京:南京邮电大学, 2013.

[8] Cui R X, Ge S S, How B V E, et al. Leader-follower formation control of underactuated autonomous underwater vehicles[J]. Ocean Engineering, 2010, 37(17-18): 1491-1502.

[9] Schoerling D, Van Kleeck C, Fahimi F, et al. Experimental test of a robust formation controller for marine unmanned surface vessels[J]. Autonomous Robots, 2010, 28(2): 213-230.

[10] 王银涛,严卫生. 多自主水下航行器系统一致性编队跟踪控制[J]. 控制理论与应用,2013,30(3):379-384.

[11] Zhang H T, Chen Z Y, Yan L, et al. Applications of collective circular motion control to multirobot systems[J]. IEEE Transactions on Control Systems Technology, 2013, 21(4): 1416-1422.

[12] Fax J A, Murray R M. Information flow and cooperative control of vehicle formations[J]. IEEE Transactions on Automatic Control, 2004, 49(9): 1465-1476.

[13] Kang W, Yeh H H. Co-ordinated attitude control of multi-satellite systems[J]. International Journal of robust and nonlinear control, 2002, 12(2-3): 185-205.

[14] Xie X F, Smith S F, Lu L, et al. Schedule-driven intersection control[J]. Transportation Research Part C: Emerging Technologies, 2012, 24: 168-189.

[15] Xie X F, Smith S F, Barlow G J. Coordinated look-ahead scheduling for real-time traffic signal control[C]//Proceedings of the 11th International Conference on Autonomous Agents and Multiagent Systems-Volume 3. 2012: 1271-1272.

[16] Sandholm T. Agents in electronic commerce: Component technologies for automated negotiation and coalition formation[J]. Autonomous Agents and Multi-Agent Systems, 2000, 3(1): 73-96.

[17] Alonso S, Pérez I J, Cabrerizo F J, et al. A linguistic consensus model for Web 2.0 communities[J]. Applied Soft Computing, 2013, 13(1): 149-157.

[18] Chiclana F, GarcíA J M T, DEL Moral M J, et al. A statistical comparative study of different similarity measures of consensus in group decision making[J]. Information Sciences, 2013, 221: 110-123.

[19] 娄柯,崔宝同,李纹. 基于蜂拥控制的移动传感器网络目标跟踪算法[J]. 控制与决策,2013,28(11):1637-1642.

[20] Lynch N A. Distributed algorithms[M]. Morgan Kaufmann, 1996.

[21] Vicsek T, Czirók A, Ben-Jacob E, et al. Novel type of phase transition in a system of self-driven particles[J]. Physical review letters, 1995, 75(6): 1226-1229.

[22] Jadbabaie A, Lin J, Morse A S. Coordination of groups of mobile autonomous agents using nearest neighbor rules[J]. IEEE Transactions on Automatic Control, 2003, 48(6): 988-1001.

[23] Olfati-Saber R. Flocking for multi-agent dynamic systems: Algorithms and theory[J]. IEEE Transactions on Automatic Control, 2006, 51(3): 401-420.

[24] Su H S，Wang X F，Lin Z L. Flocking of multi-agents with a virtual leader[J]. IEEE Transactions on Automatic Control，2009，54(2)：293-307.

[25] 苏厚胜. 多智能体蜂拥控制问题研究[D]. 上海：上海交通大学，2008.

[26] Degroot M H. Reaching a consensus [J]. Journal of the American Statistical association，1974，69(345)：118-121.

[27] Borkar V，Varaiya P. Asymptotic agreement in distributed estimation[J]. IEEE Transactions on Automatic Control，1982，27(3)：650-655.

[28] Fax J A，Murray R M. Information flow and cooperative control of vehicle formations[J]. IEEE Transactions on Automatic Control，2004，49(9)：1465-1476.

[29] Olfati-Saber R，Murray R M. Consensus problems in networks of agents with switching topology and time-delays [J]. IEEE Transactions on Automatic Control，2004，49(9)：1520-1533.

[30] Ren W，Beard R W. Consensus seeking in multiagent systems under dynamically changing interaction topologies [J]. IEEE Transactions on Automatic Control，2005，50(5)：655-661.

[31] Tanner H G，Jadbabaie A，Pappas G J. Stable flocking of mobile agents，Part Ⅰ：Fixed topology [C]//42nd IEEE International Conference on Decision and Control. 2003：2010-2015.

[32] Tanner H G，Jadbabaie A，Pappas G J. Stable flocking of mobile agents part Ⅱ：dynamic topology[C]//42nd IEEE International Conference on Decision and Control. 2003：2016-2021.

[33] 刘佳，陈增强，刘忠信. 多智能体系统及其协同控制研究进展[J]. 智能系统学报，2010，5(1)：1-9.

[34] 谢光强，章云. 多智能体系统协调控制一致性问题研究综述[J]. 计算机应用研究，2011，28(6)：2035-2039.

[35] 汪小帆，苏厚胜. 复杂动态网络控制研究进展[J]. 力学进展，2008，38(6)：751-765.

[36] 王祥科，李迅，郑志强. 多智能体系统编队控制相关问题研究综述[J]. 控制与决策，2013，28(11)：1601-1613.

[37] Shi H，Wang L，Chu T G. Virtual leader approach to coordinated control

of multiple mobile agents with asymmetric interactions[J]. Physica D: Nonlinear Phenomena, 2006, 213(1): 51-65.

[38] Yu W W, Chen G R, Cao M. Distributed leader-follower flocking control for multi-agent dynamical systems with time-varying velocities [J]. Systems & Control Letters, 2010, 59(9): 543-552.

[39] Wang X F, Chen G R. Pinning control of scale-free dynamical networks[J]. Physica A: Statistical Mechanics and Its Applications, 2002, 310(3/4): 521-531.

[40] Li X, Wang X F, Chen G R. Pinning a complex dynamical network to its equilibrium[J]. IEEE Transactions on Circuits and Systems Ⅰ: Regular Papers, 2004, 51(10): 2074-2087.

[41] Chen T P, Liu X W, Lu W L. Pinning complex networks by a single controller[J]. IEEE Transactions on Circuits and Systems Ⅰ: Regular Papers, 2007, 54(6):1317-1326.

[42] Song Q, Cao J D. On pinning synchronization of directed and undirected complex dynamical networks [J]. IEEE Transactions on Circuits and Systems Ⅰ: Regular Papers, 2010, 57(3): 672-680.

[43] Turci L F R, Macau E E N. Performance of pinning-controlled synchronization[J]. Physical Review E, 2011, 84(1): 011120.

[44] Zou Y L, Chen G R. Choosing effective controlled nodes for scale-free network synchronization [J]. Physica A: Statistical Mechanics and Its Applications, 2009, 388(14): 2931-2940.

[45] Ji M, Egerstedt M. Distributed coordination control of multiagent systems while preserving connectedness [J]. IEEE Transactions on Robotics, 2007, 23(4):693-703.

[46] Zavlanos M M, Jadbabaie A, Pappas G J. Flocking while preserving network connectivity[C]// 2007 46th IEEE Conference on Decision and Control. 2007: 2919-2924.

[47] Zavlanos M M, Tanner H G, Jadbabaie A, et al. Hybrid control for connectivity preserving flocking [J]. IEEE Transactions on Automatic Control, 2009, 54(12): 2869-2875.

[48] Su H S, Wang X F. Coordinated control of multiple mobile agents with

connectivity preserving[J]. IFAC Proceedings Volumes, 2008, 41(2): 3725-3730.

[49] Su H S, Wang X F, Chen G R. Rendezvous of multiple mobile agents with preserved network connectivity[J]. Systems & Control Letters, 2010, 59(5): 313-322.

[50] Dong Y, Huang J. Flocking with connectivity preservation of multiple double integrator systems subject to external disturbances by a distributed control law[J]. Automatica, 2015, 55: 197-203.

[51] Yang P, Freeman R A, Gordon G J, et al. Decentralized estimation and control of graph connectivity for mobile sensor networks[J]. Automatica, 2010, 46(2): 390-396.

[52] Su H S, Chen G R, Wang X F, et al. Adaptive flocking with a virtual leader of multiple agents governed by nonlinear dynamics[C]//The 29th Chinese control conference. 2010: 5827-5832.

[53] Su H S, Zhang N Z, Chen M Z Q, et al. Adaptive flocking with a virtual leader of multiple agents governed by locally Lipschitz nonlinearity[J]. Nonlinear Analysis: Real World Applications, 2013, 14(1): 798-806.

[54] Wang M M, Su H S, Zhao M M, et al. Flocking of multiple autonomous agents with preserved network connectivity and heterogeneous nonlinear dynamics[J]. Neurocomputing, 2013, 115: 169-177.

[55] Wen G, Duan Z, Su H, et al. A Connectivity-preserving flocking algorithm for multi-agent dynamical systems with bounded potential function[J]. IET Control Theory & Applications, 2012, 6(6): 813-821.

[56] Wang L, Wang X. Flocking of mobile agents while preserving connectivity based on finite potential functions[C]//2010 8th IEEE International Conference on Control and Automation (ICCA). 2010: 2056-2061.

[57] Hong Y G, Gao L X, Cheng D Z, et al. Lyapunov-based approach to multiagent systems with switching jointly connected interconnection[J]. IEEE Transactions on Automatic Control, 2007, 52(5): 943-948.

[58] Zhang H T, Zhai C, Chen Z Y. A general alignment repulsion algorithm for flocking of multi-agent systems[J]. IEEE Transactions on Automatic Control, 2011, 56(2): 430-435.

[59] Kahani R, Sedigh A K, Mahjani M G. A novel alignment repulsion algorithm for flocking of multi-agent systems based on the number of neighbours per agent[J]. International Journal of Control, 2015, 88(12): 2619-2626.

[60] Wang F S, Yang H Y. Dynamical Flocking of Multi-agent Systems with Multiple Leaders and Uncertain Parameters [C]// Asian Simulation Conference. Singapore:Springer Singapore, 2016: 13-20.

[61] Li Z G, Jia Y M, Du J P, et al. Flocking for multi-agent systems with switching topology in a noisy environment [C]// American Control Conference. 2008: 111-116.

[62] Chen Z Y, Zhang H T. Analysis of Joint Connectivity Condition for Multiagents With Boundary Constraints [J]. IEEE Transactions on Cybernetics, 2013, 43(2): 437-444.

[63] Zhou J, Wu X Q, Yu W W, et al. Flocking of multi-agent dynamical systems based on pseudo-leader mechanism [J]. Systems & Control Letters, 2012, 61(1): 195-202.

[64] Luo X, Liu D, Guan X, et al. Flocking in target pursuit for multi-agent systems with partial informed agents [J]. IET Control Theory & Applications, 2012, 6(4): 560-569.

[65] 陈世明,李慧敏,谢竟,等. 基于社团划分的多智能体蜂拥控制算法[J]. 信息与控制,2013,42(5):536-541.

[66] 李慧敏. 多智能体网络的牵制蜂拥控制研究[D]. 南昌:华东交通大学, 2013.

[67] Gao J Y, Xu X, Ding N, et al. Flocking motion of multi-agent system by dynamic pinning control[J]. IET Control Theory & Applications, 2017, 11(5): 714-722.

[68] Gu D B, Wang Z Y. Leader-follower flocking: algorithms and experiments[J]. IEEE Transactions on Control Systems Technology, 2009, 17(5): 1211-1219.

[69] Etemadi S, Vatankhah R, Alasty A, et al. Leader connectivity management and flocking velocity optimization using the particle swarm optimization method[J]. Scientia Iranica, 2012, 19(5): 1251-1257.

[70] Vatankhah R, Etemadi S, Alasty A, et al. Active leading through obstacles using ant-colony algorithm[J]. Neurocomputing, 2012, 88: 67-77.

[71] Su H S, Wang X F, Chen G R. A connectivity-preserving flocking algorithm for multi-agent systems based only on position measurements[J]. International Journal of Control, 2009, 82(7): 1334-1343.

[72] Dong Y, Huang J. Leader-following connectivity preservation rendezvous of multiple double integrator systems based on position measurement only[J]. IEEE Transactions on Automatic Control, 2014, 59(9): 2598-2603.

[73] 李文锋,董文涛. 仅考虑位置信息连通性保持的群体机器人集结控制[J]. 控制与决策,2013,28(5):791-796.

[74] 尚锋,蒋国平,樊春霞. 一种基于混合智能体系统的Flocking算法[J]. 南京邮电大学学报(自然科学版),2010,30(4):75-79.

[75] Atrianfar H, Haeri M. Adaptive flocking control of nonlinear multi-agent systems with directed switching topologies and saturation constraints[J]. Journal of the Franklin Institute, 2013, 350(6): 1545-1561.

[76] Atrianfar H, Haeri M. Flocking algorithms in networks with directed switching velocity interaction topologies[J]. Asian Journal of Control, 2014, 16(4): 1141-1154.

[77] Yang Z Q, Zhang Q, Jiang Z L, et al. Flocking of multi-agents with time delay[J]. International Journal of Systems Science, 2012, 43(11): 2125-2134.

[78] Luo J, Zhang S S, Kang H Q, et al. Flocking algorithms for multi-agent systems with time-delay[C]// 2013 International Workshop on Microwave and Millimeter Wave Circuits and System Technology (MMWCST). 2013: 428-431.

[79] Yazdani S, Haeri M. Position convergence of informed agents in flocking problem with general linear dynamic agents[J]. IET Control Theory & Applications, 2015, 9(3): 392-398.

[80] Yazdani S, Haeri M. Flocking of multi-agent systems with multiple second-order uncoupled linear dynamics and virtual leader[J]. IET Control Theory & Applications, 2016, 10(8): 853-860.

[81] Wang J L, Zhao H, Bi Y G, et al. An improved fast flocking algorithm

with obstacle avoidance for multiagent dynamic systems[J]. Journal of Applied Mathematics, 2014, 2014(1):659805.

[82] Wang Q, Chen J, Fang H, et al. Flocking control for multi-agent systems with stream-based obstacle avoidance[J]. Transactions of the Institute of Measurement and Control, 2014, 36(3): 391-398.

[83] Li J J, Zhang W, Su H S, et al. Flocking of partially-informed multi-agent systems avoiding obstacles with arbitrary shape[J]. Autonomous Agents and Multi-Agent Systems, 2015, 29(5): 943-972.

[84] Ren W, Beard R W. Distributed consensus in multi-vehicle cooperative control[M]. Springer-Verlag, London, 2008.

[85] Qian Y F, Wu X Q, Lü J H, et al. Consensus of second-order multi-agent systems with nonlinear dynamics and time delay[J]. Nonlinear Dynamics, 2014, 78(1): 495-503.

[86] Yu W W, Zheng W X, Lü J H, et al. Designing distributed control gains for consensus in multi-agent systems with second-order nonlinear dynamics[J]. IFAC Proceedings Volumes, 2011, 44(1): 1231-1236.

[87] Yu W W, Chen G R, Cao M. Some necessary and sufficient conditions for second-order consensus in multi-agent dynamical systems[J]. Automatica, 2010, 46(6): 1089-1095.

[88] Yu W W, Chen G R, Cao M, et al. Second-order consensus for multiagent systems with directed topologies and nonlinear dynamics [J]. IEEE Transactions on Systems, Man, and Cybernetics Part B (Cybernetics), 2010, 40(3): 881-891.

[89] Song Q, Cao J D, Yu W W. Second-order leader-following consensus of nonlinear multi-agent systems via pinning control[J]. Systems & Control Letters, 2010, 59(9): 553-562.

[90] Cortés J, Martínez S, Bullo F. Robust rendezvous for mobile autonomous agents via proximity graphs in arbitrary dimensions [J]. IEEE Transactions on Automatic Control, 2006, 51(8): 1289-1298.

[91] Kim Y, Mesbahi M. On maximizing the second smallest eigenvalue of a state-dependent graph Laplacian[J]. IEEE Transactions on Automatic Control, 2006, 51(1): 116-120.

[92] Xiao L, Boyd S. Fast linear iterations for distributed averaging [J]. Systems & Control Letters, 2004, 53(1): 65-78.

[93] Su H S, Wang X F, Chen G R. Rendezvous of multiple mobile agents with preserved network connectivity [J]. Systems & Control Letters, 2010, 59(5): 313-322.

[94] Su H S, Chen G R, Wang X F, et al. Adaptive second-order consensus of networked mobile agents with nonlinear dynamics[J]. Automatica, 2011, 47(2): 368-375.

[95] Hu Y B, Su H S, Lam J. Adaptive consensus with a virtual leader of multiple agents governed by locally Lipschitz nonlinearity [J]. International Journal of Robust and Nonlinear Control, 2013, 23(9): 978-990.

[96] Ren W, Moore K, Chen Y Q. High-order consensus algorithms in cooperative vehicle systems[C]//2006 IEEE International Conference on Networking, Sensing and Control. 2006: 457-462.

[97] Ren W, Moore K L, Chen Y Q. High-order and model reference consensus algorithms in cooperative control of MultiVehicle systems[J]. Journal of Dynamic Systems, Measurement, and Control, 2007, 129(5): 678-688.

[98] 崔艳,贾英民. 树型变换下高阶多智能体系统鲁棒一致性方法[J]. 北京航空航天大学学报,2013,39 (3):386-390.

[99] Li Z K, Duan Z S, Chen G R, et al. Consensus of multiagent systems and synchronization of complex networks: A unified viewpoint [J]. IEEE Transactions on Circuits and Systems Ⅰ: Regular Papers, 2010, 57(1): 213-224.

[100] Li Z K, Ren W, Liu X D, et al. Consensus of multi-agent systems with general linear and Lipschitz nonlinear dynamics using distributed adaptive protocols[J]. IEEE Transactions on Automatic Control, 2013, 58(7): 1786-1791.

[101] Li Z K, Wen G H, Duan Z S, et al. Designing fully distributed consensus protocols for linear multi-agent systems with directed graphs [J]. IEEE Transactions on Automatic Control, 2015, 60(4): 1152-1157.

[102] Su S Z, Lin Z L. Distributed consensus control of multi-agent systems with higher order agent dynamics and dynamically changing directed interaction topologies[J]. IEEE Transactions on Automatic Control, 2016, 61(2): 515-519.

[103] Wen G H, Duan Z S, Ren W, et al. Distributed consensus of multi-agent systems with general linear node dynamics and intermittent communications [J]. International Journal of Robust and Nonlinear Control, 2014, 24(16): 2438-2457.

[104] Li Z K, Ren W, Liu X D, et al. Distributed consensus of linear multi-agent systems with adaptive dynamic protocols[J]. Automatica, 2013, 49(7): 1986-1995.

[105] Xu J, Xie L H, Li T, et al. Consensus of multi-agent systems with general linear dynamics via dynamic output feedback control[J]. IET Control Theory & Applications, 2013, 7(1): 108-115.

[106] Oh K K, Park M C, Ahn H S. A survey of multi-agent formation control[J]. Automatica, 2015, 53: 424-440.

[107] Ren W. Consensus based formation control strategies for multi-vehicle systems[C]//2006 American Control Conference. IEEE, 2006:6 pp.

[108] Xiao F, Wang L, Chen J, et al. Finite-time formation control for multi-agent systems[J]. Automatica, 2009, 45(11): 2605-2611.

[109] Xia Y Q, Na X T, Sun Z Q, et al. Formation control and collision avoidance for multi-agent systems based on position estimation[J]. ISA Transactions, 2016, 61: 287-296.

[110] Porfiri M, Roberson D G, Stilwell D J. Tracking and formation control of multiple autonomous agents: A two-level consensus approach[J]. Automatica, 2007, 43(8): 1318-1328.

[111] Dong X W, Xi J X, Lu G, et al. Formation control for high-order linear time-invariant multiagent systems with time delays [J]. IEEE Transactions on Control of Network Systems, 2014, 1(3): 232-240.

[112] Wang R, Dong X W, Li Q D, et al. Distributed adaptive time-varying formation for multi-agent systems with general high-order linear time-invariant dynamics[J]. Journal of the Franklin Institute, 2016, 353(10):

2290-2304.
[113] Wang R, Dong X W, Li Q D, et al. Adaptive time-varying formation control for high-order linear multi-agent systems with directed interaction topology[C]//2016 12th IEEE International Conference on Control and Automation. 2016:921-926.
[114] Dong X W, Hu G Q. Time-varying output formation for linear multiagent systems via dynamic output feedback control[J]. IEEE Transactions on Control of Network Systems, 2017,4(2):236-245.
[115] 张先迪,李正良. 图论及其应用[M]. 北京:高等教育出版社,2005.
[116] Godsil C,Royle G. Algebraic graph theory[M]. NYSpringer New York,2001.
[117] 黄廷祝,钟守铭,李正良. 矩阵理论[M]. 北京:高等教育出版社,2003.
[118] Merino D I. Topics in matrix analysis[D]. Johns Hopkins University, 1992.
[119] 郑大钟. 线性系统理论[M]. 2 版. 北京:清华大学出版社,2002.
[120] Khalil H K. Nonlinear System 3rd Edition[M]. Prentice Hall, Upper Saddle River, New Jersey, 2002.
[121] Hopcroft J, Tarjan R. Algorithm 447: efficient algorithms for graph manipulation[J]. Communications of the ACM, 1973, 16, (6):372-378.
[122] 汪小帆,李翔,陈关荣. 复杂网络理论及其应用[M]. 清华大学出版社,2006.
[123] Liu Y Y, Slotine J J, Barabási A L. Controllability of complex networks[J]. Nature, 2011, 473(7346): 167-173.